高职高专农林牧渔类工学结合系列教材

花卉病虫害防治

陈玉琴 汪　霞　主编

ZHEJIANG UNIVERSITY PRESS
浙江大学出版社

图书在版编目（CIP）数据

花卉病虫害防治 / 陈玉琴，汪霞主编. —杭州：
浙江大学出版社，2012.8（2022.2重印）
ISBN 978-7-308-10447-0

I. ①花… II. ①陈… ②汪… III. ①花卉-病虫害
防治 IV. ①S436.8

中国版本图书馆 CIP 数据核字（2012）第 195658号

花卉病虫害防治

陈玉琴 汪 霞 主编

责任编辑	秦 瑕
封面设计	春天书装
出版发行	浙江大学出版社
	（杭州市天目山路 148 号 邮政编码 310007）
	（网址：http://www.zjupress.com）
排 版	浙江时代出版服务有限公司
印 刷	广东虎彩云印刷有限公司绍兴分公司
开 本	787mm×1092mm 1/16
印 张	11.5
字 数	266 千
版 印 次	2012年8月第1版 2022年2月第5次印刷
书 号	ISBN 978-7-308-10447-0
定 价	46.00元

本书编写组成员

主　编　陈玉琴（嘉兴职业技术学院）

　　　　汪　霞（嘉兴职业技术学院）

副主编　朱兴娜（嘉兴职业技术学院）

参　编　沈火明（嘉兴市农业经济局植物检疫站）

　　　　费伟英（嘉兴职业技术学院）

　　　　王　娟（碧云花园有限责任公司）

审　稿　娄永根（浙江大学）

前　言

　　花卉病虫害防治是高等职业教育商品花卉专业的主干课程。结合商品花卉专业岗位群的职业能力需要，我们自行开发了突出职业能力培养的《花卉病虫害防治课程标准》。本书就是根据该标准编写的教材。

　　本教材在体系上没有固守学科的系统性和完整性，而是紧紧围绕花卉病虫害防治的工作过程和工作任务，即病虫害识别诊断—分析发生原因—制订综合治理方案—实施防治措施这一主线来设计教材体系，以"必需、够用、实用"为原则，结合花卉园艺工和植保工职业资格考证，来组织教材内容。该教材内容共分为4个学习情境，即花卉病虫害综合治理、农药合理安全使用、花卉主要害虫及防治、花卉主要病害及防治。每个学习情境包括学习目标、学习内容、实训指导及复习思考题。由于花卉种类繁多，在花卉主要病虫害及防治的编排上，如以寄主为体系，有些寄主广泛的病虫害会在许多寄主上重复出现，读起来将不胜其繁，因此我们采用了以病虫种类为体系进行编排，这样不仅可减少重复，缩小篇幅，更重要的是加强了病虫本身的系统性，许多同类性质的病虫可以类推，举一反三，触类旁通。但这样编排也有使初学者不易根据寄主来学习和查阅有关病虫的弊端，建议在教学过程中以作业的方式，要求学生练习编写当地主要花卉主要病虫害及综合防治方案。期望学生在学习后能达到"鱼""渔"皆获的效果。教材编写力求做到图文并茂、文字简练、直观性强，所有的病害症状及害虫形态或为害状插图均为数码原色图片，病原物形态插图也几乎用显微原色图片，以求更加直观地识别花卉病虫害的种类及主要病原物的形态，尽可能地体现工学结合，融"教、学、做"为一体的要求。希望学生通过对本教材的学习后，能识别诊断花卉常见病虫害，能分析其发生原因，能制订和实施安全有效的综合防治措施。并能融会贯通，将相关的知识和技能进行迁移。

　　本教材由陈玉琴和汪霞担任主编，朱兴娜担任副主编。全书分工如下：学习情境1由沈火明编写；学习情境2由朱兴娜编写；学习情境3由汪霞编写，学习情境4由陈玉琴编写；实训一至实训四由费伟英编写；实训五至实训七由王娟编写。全书由陈玉琴和汪霞统稿，由浙江大学娄永根教授审稿。

在编写过程中，我们参考和引用了大量的文献资料，绝大部分文献资料已经列出，如有遗漏，恳请谅解。在此，一并向这些文献资料的作者表示最诚挚的谢意！

由于编者收集的资料和水平有限，书中难免有各种疏漏、不足甚至错误之处，敬请读者批评指正。

编　者

2012年4月

目录

学习情境4 花卉病害及其防治

学习情境 1

花卉病虫害综合治理

【学习目标】

通过本学习情境的学习，了解植保的工作方针、花卉病虫害发生的特点及防治原理，理解有害生物综合治理的含义，掌握综合治理方案制定的原则，了解植物检疫、园艺防治法、物理机械防治法、生物防治法的原理和方法及在病虫害综合治理中的作用。能做到因地制宜协调运用各种调控措施，实施有害生物的综合管理，达到景观、生态、经济和社会的和谐统一。

子情境1　花卉病虫害综合治理

一、综合治理概念

防治花卉病虫害的方法很多，但是各有其优缺点，单靠其中一种措施往往不能达到目的，甚至会引起不良反应，因此需对病虫害进行综合治理。联合国粮农组织（FAO）有害生物治理专家治理小组对综合治理（Intgerated Pest Management，简称IPM）作了如下定义：病虫害综合治理是一种方案，是一种能控制病虫的发生，避免相互矛盾，尽量发挥有机的调和作用，将危害程度或种群密度保持在经济允许水平之下的防治体系。

因此，综合治理是对有害生物进行科学管理的体系，它是从生态系总体观点出发，根据有害生物和环境之间的相互关系，充分发挥自然控制因素的作用，因地制宜地协调应用必要的防治措施，将有害生物控制在经济允许水平以下，以获得最佳的经济、生态和社会效益。花卉病虫害防治的基本原则就是以综合治理为核心，实现对花卉病虫害的可持续控制。

二、花卉病虫害的特点

1. 花卉种类多，常多种花木或与其他农作物混种或邻种，病虫种类多，且易交互感染为害。

2. 花卉栽培方式多样，交换频繁，使得病虫发生更复杂，防治难度更大。

3. 室内摆放及盆栽花卉生长环境差，各种非侵染性病害发生多。

综上所述，花卉病虫害防治必须贯彻"预防为主，综合防治"的植保方针，采取各种安全有效的措施，防患于未然，实现对花卉病虫害的可持续控制。

三、综合治理的原则

1. 从生态角度出发　根据生态系中植物、病虫、天敌三者之间及与周围其他无机环境之间的相互依存、相互制约的动态关系，在整个花卉苗木栽培管理过程中，都要有针对性地调节和操纵某些生态因子，创造有利于花木及天敌生存，而不利于病虫发生的环境条件，以预防或减少病虫害的发生。

2. 从安全角度出发　综合治理所采取的措施不但要对防治对象有效，还必须对人、畜、有益生物、花木安全或毒害小，不仅对当时安全毒害小，而且对今后也没有不良的毒副作用，无残毒、无污染或低残毒、少污染。

3. 从保护环境、恢复和促进生态平衡，有利于自然控制角度出发　综合治理并不排除化学农药的使用，但要符合环境保护原则，要求做到科学使用农药，减少污染，减少对天敌的杀伤，促进生态平衡，增强天敌的自然控制力。以达到有害生物可持续控制。

4. 从经济效益角度出发　防治病虫的目标是将其种群数量或危害程度控制在经济允许水平以下，而不是全部灭绝。经济允许水平是指病虫为害造成的经济损失等于为了挽回这个损失而采取防治所花的费用时的田间病虫密度或危害程度（又称经济阈限）。从理论上说只要病虫的数量或危害程度不超过经济允许水平就不需要防治。但在生产上常以防治指标作为实施药剂防治的依据，防治指标是指为了防止病虫达到或超过经济允许水平，必须采取防治措施的最低病虫密度或为害程度。当病虫数量或危害程度在防治指标以下，可不防治，只有在防治指标以上，才考虑防治。

花卉的经济效益不仅包括产值，还应包括它的绿化效益和观赏效益，要依据实际情况灵活应用，不能延误病虫的防治。

四、综合防治的类型

1. 以一种病虫为对象　如对斜纹夜蛾的综合治理、白粉病的综合治理。

2. 以一种花卉发生的所有主要病虫害为对象　如百合主要病虫害的综合治理、月季主要病虫害的综合治理。

3. 以一个区域种植的所有植物为对象　如对某个花圃、苗圃或花卉生产基地主要病虫综合治理。

子情境2　花卉病虫害防治的基本方法

一、植物检疫

植物检疫也叫法规控制，是控制有害生物的基本措施之一，也是实施有害生物综合管理措施的基本保证。

（一）植物检疫概念

植物检疫是根据国家颁布的法令，设立专门机构，对输入和输出或调运的种子、苗木及植物产品进行检验，禁止和限制危险性的病虫草害的输入和输出，或传入后限制其传播，消灭其危害。具有强制性和法律效力。

植物检疫按照工作范围和职责分为对外检疫和对内检疫。对外检疫是国家在对外港口、国际机场、国际交通要道设立植物检疫机构，对进出口及过境的应施检疫的植物及产品进行检验和处理，防止国外新的或国内还是局部发生的危险性病虫草害的输入和国内某些危险性病虫草害的输出。对内检疫是由各级地方政府检疫机构，会同交通运输、邮局等部门，根据规定的对内检疫对象执行检疫和处理，防止和消灭通过地区间的物资交换、调运种子、苗木及其他产品而传播的危险性病虫草害。

（二）确定检疫对象的原则

1. 国内没有或局部地区发生。

2. 危险性大（包括危害性大、经济损失重、难以根除）。

3. 能人为随植物及其产品远距离传播。

局部地区发生检疫对象的应划为疫区，采取封锁消灭措施，防止检疫对象传出。检疫对象发生地区已较普遍的，应将未发生的地区划为保护区，防止检疫对象传入。

（三）必检对象

1. 列入应施检疫的植物、植物产品名单的，运出发生疫情的县级行政区域前，必须经过检疫。

2. 凡种子、苗木及其他繁殖材料，不论是否列入应施检疫的植物、植物产品名单和运往何地，在调运之前都必须经过检疫。

（四）植物检疫步骤

1. 对内检疫

（1）报检：调运种子、苗木及其他应检的植物产品时，调出单位应向所在地检疫机构报检。

（2）检验：检验机构人员对所报验的植物及其产品进行严格的检验。检验的方法有产地检验、抽样检验、试种检验。

（3）检疫处理：经检验如发现检疫对象，应按规定在检疫机构监督下进行处理。一般处理的方法有消毒处理、禁止调运、就地销毁、限制使用地点。

（4）签发证书：经检验后没有检疫对象或经处理合格后，发给检疫证书方可调运。

2. 对外检疫：包括进口检疫、出口检疫、旅客携带物检疫、国际邮包检疫、过境检疫等。

二、园艺防治

园艺防治是通过改进园艺栽培技术措施，创造不利于病虫发生，而有利于花木生长的环境条件，以达到抑制和消灭病虫害发生为害的目的。该法是花卉病虫害综合治理的基础。

常用的措施有下列几种。

（一）清洁园圃

清洁园圃的目的是减少病虫害的侵染来源，改善环境条件。主要工作包括：及时清除花卉的病虫害残体、枯枝落叶并加以处理。生长期及时摘除病虫枝叶，及时拔除病株，清除杂草，必要时可用福尔马林等进行土壤处理。另外，操作过程中避免人为传染，如摘心、除草、切花时防止工具和人手对病菌的传带。

（二）合理轮作、间作、混作或邻作

花卉连作会加重病虫害的发生。如温室中香石竹多年连作会加重镰刀菌枯萎病的发生。实行轮作可以减轻病虫的发生与危害。轮作时间视具体病虫而定。如鸡冠花褐斑病实行2年轮作即有效，而枯萎病则要更长时间。

（三）加强养护管理

1. 加强肥水管理　加强肥水管理，平衡土壤的水分和营养状况，可以提高植物抵抗有害生物入侵的能力，从而起到抗病虫的作用。花卉的栽培管理要讲究科学合理地施肥。有机肥料需充分腐熟后使用，做到氮、磷、钾等各种营养成分配施。要适当控制氮肥施用量，适量增施磷、钾肥，以免发生徒长，造成白粉病、锈病、叶斑病的发生。要科学浇水，观赏植物的灌溉技术无论是灌水方法还是灌水量或是灌水时间都影响着病虫害的发生。为防治叶部病害，最好采用沟灌、滴灌或沿盆边浇。浇水量要适宜，浇水时间最好在晴天上午进行。

2. 改善环境条件　主要是调节好栽培地的温湿度和通风透光条件。尤其是温室栽培的植物，要经常的通风、透光，能降低一些病虫害的发生，如减少花卉灰霉病的发生发展，减少或削弱介壳虫的危害等。种植密度及盆花摆放密度要适宜，以便通风透气，减少病害发生。冬季温室温度要适宜，不宜忽高忽低，影响植物生长，使病害乘虚而入。

3. 合理修剪整枝　合理修剪、整枝不仅可以增强树势，提高观赏价值，还可以减少病虫危害。在秋、冬季节结合修剪，可减少次年病虫的侵染来源。

4. 翻耕培土，中耕除草　中耕不仅可以保持地力，减少土壤水分的蒸发，促进花木健壮生长，提高抗逆能力，还可以破坏许多病虫的发源地和潜伏场所。如褐刺蛾、绿刺蛾、扁刺蛾、草履蚧等害虫的幼虫、蛹或卵生活在浅土层中，通过中耕，使其暴露于土表，便于天敌取食或经风吹日晒失水死亡。

（四）选用抗病虫品种

选育抗病虫品种是防治病虫最经济有效的措施。不同的品种对病虫害的抗性差异较大。尤其是抗病品种，目前已培育较多，如抗锈病的菊花、香石竹、金鱼草等，抗叶枯线虫病的菊花品种等。

（五）培育或选用无病虫的种苗

有许多病虫害是依靠种子、苗木及其他无性繁殖材料来传播的。在选用种子、球茎、种苗等繁殖材料时，应选用无病虫、饱满、健壮的繁殖材料，以减少病虫害的传播和提高苗期的抗性。

三、物理机械防治

物理机械防治就是利用各种物理因素（光、电、热、射线等）和各种机械设备来防治病虫害的方法。

（一）人工捕杀法

人工捕杀是指利用人工或简单的器械来捕捉害虫的方法。根据害虫习性来选择不同的捕杀方法，主要适用于具有假死性、群集性以及在某一阶段活动场所相对固定的害虫。如多数金龟子、象甲、天牛的成虫具有假死性，可在清晨或傍晚将其振落杀死。防治杨枯叶蛾、天幕毛虫等可采用人工摘除卵块，或利用初孵幼虫群集在枝叶上为害时捏杀低龄幼虫。

　　（二）诱杀法

　　利用害虫的趋性或某种特殊的生活习性，人为设置诱集器械或诱物来防治害虫。

　　1. 灯光诱杀　灯光诱杀又称频振诱控技术。是利用害虫对不同波长、波段光的趋性，人为设置灯光来诱杀害虫的方法。利用频振诱控技术控制重大农业害虫，不仅杀虫谱广、诱虫量大、诱杀成虫效果显著，而且害虫不产生抗性，对人畜安全。诱虫灯安装简单，使用方便，符合农产品安全生产技术要求。其中，以黑光灯诱杀效果最好，其波长为360nm。大多数害虫的视觉神经对波长330～400nm的紫外线特别敏感，具有较强的趋光性，诱杀效果很好，可诱杀多种害虫。灯光诱虫时间一般在5—9月份，在成虫盛发期选择闷热、无风雨、无月光的上半夜开灯效果好。每亩设一盏黑光灯。

　　诱虫灯设置：诱虫灯的布局主要有三种方法：棋盘式、闭环式、Z字形布局。棋盘式布局一般是在比较开阔的地方使用，各灯之间和两条相邻线路之间间隔200～240m为宜；闭环式布局主要针对某块危害较重的区域以防止害虫外迁或为搞试验需要特种布局，各灯之间间隔200～240m为宜；Z字形布局主要应用在地形较狭长的地方，同条线路中各灯之间间隔350m，相邻两条线路中两灯之间间隔200m，两条相邻线路之间间隔97m为宜。一般以单灯辐射半径100～120m来计算控制面积，以达到节能治虫的目的。

　　诱虫灯安装：根据所用的诱虫灯数和诱虫灯的用电量，由厂家协助在使用前安装。诱虫灯的安装方法有横担式、杠杆式、三脚架式、吊挂式等。一般根据植物分布状态和地形情况确定安装方式。挂灯高度对诱虫灯诱虫效果有一定影响，具体挂灯高度取决于用灯区的植物高度。目前生产上常用的诱虫灯有佳多牌频振式杀虫灯、自动型农用杀虫灯（光控、雨控、倾控来控制开关）、太阳能杀虫灯和诱虫灯等（图1-1～1-3）。

图1-1　佳多牌频振式杀虫灯　　　图1-2　GP-LH18B型自动型农用光谱　　　图1-3　太阳能诱虫灯
　　　　　　　　　　　　　　　　　　　　　杀虫灯

　　诱虫灯使用注意事项：要设专人管理诱虫灯，每3～5天清理灯网和接虫袋或集虫装置，保证诱虫灯正常使用。阴天或雨天不要开灯，防止触电，保证人畜的安全。

2、潜所诱杀　利用一些害虫在某一时期喜欢在某些特殊环境潜伏或生活的习性，人工设置类似环境来诱杀害虫的方法称为潜所诱杀。根据害虫的潜伏、产卵等习性，人为创造适宜于潜伏的场所来诱杀。如泡桐叶诱集地老虎、草把诱卵、杨枝把诱蛾等。

3、食饵诱杀　利用害虫的趋化性及喜食的食物制成诱饵来诱杀。如糖醋液诱蛾、毒饵诱杀等。

4、植物诱杀　利用害虫对某些植物的嗜食性或产卵的趋性，适量种植或采集合适的植物来诱集捕杀害虫的方法。

图1-4　黄板诱杀

5、色板诱杀、银膜驱蚜　利用蚜虫、粉虱等害虫对黄色的趋性，可在花木栽培区设置黄色黏胶板（图1-4），诱黏蚜虫、粉虱等害虫。蓟马对蓝色有趋性，可以设置蓝色黏胶板诱杀。

（三）阻隔法

人为设置各种障碍，以切断病虫害的侵害途径，这种方法称为阻隔法。具体方法有：

1. 纱网阻隔　对于温室、大棚中栽培的花卉植物，在夏季使用防虫网，不仅阻隔了害虫的侵入，还可以有效地减少病毒的浸染。

2. 树干涂白或包扎　可防止天牛等产卵，防止冻伤、灼伤和病菌侵害，若在涂白剂中加入硫磺、蓝矾或其他药剂，还可以消灭树体上潜伏的多种有害生物。

涂白剂配方：石灰10份、硫磺粉（或石硫合剂原液）1份、食盐1份、食油0.2份、水40份。

3. 树干涂胶　可防止草履蚧上树为害。

4. 果实套袋　可减轻葡萄炭疽病、桃褐腐病、桃蛀螟为害。

5. 地膜覆盖或地面铺草　可阻止土壤中的病原菌到叶面上，减轻叶面病害的发生。

6. 挖障碍沟　对不能迁飞而能成群迁徙的害虫及一些根部病害，可以挖沟阻隔病虫害的扩散蔓延。

（四）汰选法

利用有病虫和无病虫种苗在形态、大小、比重的差异进行分离，剔除有病虫的种苗。常用的方法有筛选、水选、风选、手选等。

（五）热力处理法

任何生物对温度都有一定的耐受性，包括植物病原物和害虫，超过其限度生物就会死亡。利用一定的热力来杀死种苗内外及土壤中的病虫，称为热力处理法。

1. 种苗热处理　常用的方法有日光晒种、温水浸种（50～60℃，15～30min）或种子干热处理（70℃，48～72h）。

2. 土壤热处理　苗床或温室夏季覆膜晒土灭菌、温室大棚土壤用蒸汽灭菌（以70～80℃，30min为宜）等。

四、生物防治

（一）生物防治概念

生物防治就是利用有益的生物及其生物代谢物来防治植物病虫害的方法。生物防治可以改变生物群落的组成成分，且能直接消灭害虫，控制害虫种群数量的发展，是一种稳定的自然控制因素。其优点是安全、不污染环境；不会使有害生物产生抗性和再生猖獗现象；有持久的抑制作用，有一定的预防性；天敌资源丰富，可就地取材或从外地引进。是有害生物综合治理的重要组成部分和发展的主要方向之一。但是生物防治也有其局限性，生物防治受自然条件限制较大，特别是受气候条件影响大；使用时间要求严格；防治对象有一定的局限性，且只能消灭到一定数量；作用较慢；人工繁殖技术复杂等。因此生物防治必须与其他防治方法相结合，协调配套应用。

（二）生物防治内容

1. 以虫治虫　即利用天敌昆虫来防治害虫的方法。

（1）天敌昆虫种类。天敌昆虫包括捕食性天敌昆虫和寄生性天敌昆虫两大类。捕食性天敌昆虫较其寄主猎物一般情况下都大，它们捕获吞噬其肉体或吸食其体液。捕食性天敌昆虫在其发育过程中要捕食许多寄主，而且通常情况下，一种捕食性天敌昆虫在其幼虫和成虫阶段都是肉食性，独立自由生活，都以同样的寄主为食，如螳螂、步甲、虎甲、瓢虫的绝大多数种类、食蚜蝇、食虫虻、草蛉、赤眼蜂等（图1-5～1-9）。寄生性天敌昆虫几乎都是以其幼虫体寄生，其幼虫不能脱离寄主而独立生存，并且在单一寄主体内或体表发育，随着寄生性天敌昆虫幼体的完成发育，寄主则缓慢地死亡和毁灭。而绝大多数寄生性天敌昆虫的成虫则是自由生活的，以花蜜、蜜露为食，如膜翅目的寄生蜂和双翅目的寄生蝇等（图1-10～1-12）。

图1-5　螳螂捕食蝗虫、尺蠖

图1-6　捕食性瓢虫

图1-7　食蚜蝇

 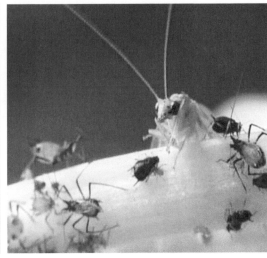

图1-8　草蛉捕食蚜虫

图1-9　食虫虻捕食甲虫

图1-10　天牛被管氏肿腿蜂寄生

图1-11　蚜虫被蚜茧蜂寄生

图1-12　赤眼蜂

（2）对天敌昆虫利用方法

①保护利用本地的自然天敌昆虫。首先应做到合理用药。化学源农药中的有机磷、拟除虫菊酯类农药对天敌的杀伤作用很大，例如乐斯本、对硫磷、氧化乐果可使赤眼蜂的出蜂率降低，功夫菊酯和对硫磷对瓢虫和跳小蜂的致死率达到100%，所以合理使用农药是保护天敌的重要措施。搞好虫情测报，提高用药技术，掌握在每一种病虫害对农药最敏感的时期喷药，尽量避开天敌的敏感期如生殖繁育期、天敌发生高峰期用药；对症下药，提高防治效果；要把化学防治与园艺防治、生物措施结合起来，实行综合防治，尽量减少化学农药的使用，减轻对天敌的伤害。其次，种植诱集植物招引天敌。如在苗圃、花圃、果园四周或行间及园林绿地中种植蜜源植物，尤其是早春开花早，晚秋开花晚的蜜源植物或三叶草、紫花苜蓿等牧草，为天敌提供丰富的蜜源食料（花粉和花蜜）以及良好的繁殖、栖息场所，促使其自然增殖，并且可以吸引外界天敌飞来取食、定居和繁殖，增加天敌种类，提高种群密度。在防治害虫时，天敌可躲避于草中避免被杀，从而有效保护天敌。再次，创造有利于天敌生存的环境条件。例如休眠期刮树皮是消灭越冬病虫害的有效措施，但是小花蝽、捕食螨、瓢虫等好多天敌也在树皮裂缝或树穴里越冬，为了既能消灭病虫害又能保护天敌，可改冬季刮树皮为春季开花前刮，此时大多数天敌已出蛰活动，对天敌损伤相对较小。秋末冬前可采用树干基部捆草把或种植越冬作物、堆草或挖坑堆草等，人为创造有利于天敌越冬场所，供其栖息，以利于天敌安全越冬。冬季剪下的虫枝、虫叶应放在粗纱网内，待天敌羽化飞出后再将虫枝、虫叶处理掉。

②人工繁殖释放天敌昆虫，增加自然界中天敌数量。对一些常发性害虫，单靠天敌本身的自然增殖很难控制其危害，应采取人工繁殖和释放以补充天敌数量的不足。例如：对瓢虫、赤眼蜂、周氏啮小蜂、草蛉等通过人工培养、繁育，到害虫发生期再放入目标田园中发挥作用。在蚜虫危害期间，可捕捉农田中的瓢虫释放到花圃控制蚜虫危害。

③引进和移植外地天敌昆虫。从国内外引进、移植本地没有或形不成种群的优良天敌品种，使之在本地定居繁殖，增加本地的天敌种群。引进外地天敌来防治害虫，在国内外有许多成功的例子。最早成功的是1888年美国由大洋洲引进了澳洲瓢虫成功地控制了柑橘吹绵蚧的危害。我国1978年从英国引进丽蚜小蜂在北京等地试验、推广防治温室白粉虱。山东、河北等地引进周氏啮小蜂防治美国白蛾等都取得成功。

2. 以菌治虫

利用昆虫病原微生物防治害虫。目前有些已通过人工培养制成了微生物农药。

（1）细菌治虫。昆虫病原细菌已发现90余种。目前我国应用最广的主要有苏云金杆菌类、统称为Bt制剂。这类菌有许多变种，包括苏云金杆菌、杀螟杆菌、青虫菌、松毛虫杆菌等，这些细菌杀虫剂都是胃毒剂，通过害虫取食后感染致死。主要对鳞翅目幼虫效果良好，对高龄的幼虫更好。一般20℃以上时防效高。

（2）真菌治虫。能使昆虫致病的真菌较多。主要有白僵菌，此外还有绿僵菌、灰僵菌、虫霉菌等。白僵菌致病力强，寄主广，能寄生200多种害虫和螨类（图1-13）。主要通过体壁

图1-13　白僵菌感染甜菜夜蛾

感染发病死亡，死亡虫体僵硬，表面布满白色菌丝，后变白粉成白僵或绿粉或灰色粉成绿僵或灰僵。其上分生孢子又可通过风雨传播，造成僵病流行。温暖高湿季节易导致病害流行。

（3）病毒治虫。病毒主要是感染鳞翅目幼虫，其次是膜翅目、双翅目。主要通过食入感染，也可接触感染。感染死的昆虫尾足附在植物上，体躯下吊（图1-14）。病毒感染具有高度的专一性，一种昆虫病毒只能感染同种昆虫。一般能保存1～2年。目前商品化的病毒制剂有斜纹夜蛾核多角体病毒、银纹夜蛾核多角体病毒（奥绿1号）、甜菜夜蛾核多角体病毒、小菜蛾颗粒体病毒、棉铃虫核多角体病毒等。

（4）线虫治虫（图1-15）。

图1-14　斜纹夜蛾核多角体病毒感染状

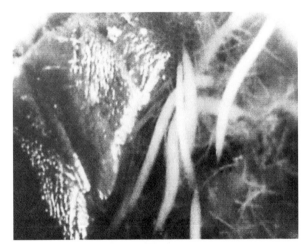

图1-15　病原线虫寄生天牛

（5）杀虫素治虫。某些微生物代谢物具有杀虫活性，如阿维菌素、甲维盐、浏阳霉素。

3．以蛛治虫　蜘蛛为肉食性，是农田中重要的捕食性天敌。以蛛治虫主要是保护利用。

4．利用其他食虫动物治虫　其他食虫动物包括鸟类、蛙类、蟾蜍、爬行动物、捕食螨类等。要严禁捕杀各种益鸟、蛙类、蟾蜍、爬行动物等。利用鸟类控制园林害虫有着广阔的前景。如山东平邑县浚河林场，招引啄木鸟防治光肩星天牛等树干害虫，每亩白杨林内住着啄木鸟2对，经3个冬季天牛由百株80条幼虫下降到0.8条。

5．以昆虫激素治虫

（1）性外激素（性诱剂）应用。用性外激素或性诱剂诱杀同种雄虫，或喷于田间使雄虫迷失方向，干扰正常交配，降低繁殖系数。昆虫性诱剂产品较多，如斜纹夜蛾、小菜蛾、甜菜夜蛾、美洲斑潜蝇、白粉虱、大豆食心虫、豆荚螟、梨小食心虫、桃小食心虫、实蝇的性诱剂诱捕器（诱虫板）等（图1-16）。

图1-16　性诱捕器

（2）保幼激素及蜕皮激素治虫。目前尚无大面积应用。

6. 以菌治病

利用有益微生物及代谢物防治病害。包括抗生菌和抗菌素的应用。

（1）抗生菌。抗生菌是一类对病原物有拮抗作用的微生物。大多属于放线菌类。如5406菌肥、G4、木霉菌等，主要用于防治土传病害。

（2）抗菌素。是抗生菌在生长过程中分泌的具抑制或杀死病原物的物质。目前商品化的主要有井冈霉素、多抗霉素、武夷霉素、农抗120、农用链霉素、新植霉素、水合霉素等。

7. 交互保护作用的利用

当植物受一种病毒的某一株系侵染后，能保护植物不受同一病毒另外株系的侵染，这种现象称为交互保护作用。如在植物发病前先接种弱毒苗便可使植物获得免疫性。如弱毒疫苗N14对烟草花叶病毒引起的病毒病有良好的预防作用、S52对黄瓜花叶病毒引起的病毒病有良好的预防作用。

8. 以植物源农药治虫防病

常用的植物源农药有苦参碱、印楝素、烟碱、鱼藤酮、苦皮藤素、黎芦碱、茴蒿素等植物性杀虫剂、抗毒丰（抗毒剂1号，茹类蛋白多糖）、83增抗剂（食用菜籽油）等。

五、化学防治

化学防治就是利用化学农药来防治病虫草害及其他有害生物的方法。主要是通过开发适宜的农药品种，并加工成适当的剂型，采用适当的机械和方法使化学农药和有害生物接触，或处理植物、种子、土壤等来抑制有害生物或阻止其为害。

化学防治的优点是：（1）高效、快速。大多数农药具有用量少、效果好、见效快等优点，既可在有害生物发生之前作为预防性措施，避免或减轻为害，又可在发生之后作为急救措施，迅速消除其为害。（2）生产、运输、使用、储藏方便。化学农药可以进行大规模工业化生产、远距离运输，且能长时间保存，作用时受地区及季节性的限制较小，便于机械化操作，可以大面积使用。（3）使用范围广。对某些有害生物有特效，几乎所有的有害生物都可以利用化学农药来控制。对某些其他方法难控制的种类，使用化学农药控制效果显著，如采用毒饵法防治蝼蛄、地老虎等地下害虫，用福星控制白粉病等。

但是化学农药使用不当会带来一系列的不良后果，主要表现为：（1）人畜中毒，作物药害，污染环境。化学农药使用不当，常会造成人、畜中毒事故及植物药害。有些化学农药由于性质稳定，不易分解，能残留污染环境，甚至能通过食物链和生物浓缩，造成食品残留毒性，对人、畜安全造成威胁。（2）杀伤天敌，破坏生态平衡，造成害虫再生猖獗。一些专一性不强的化学农药，在消灭有害生物的同时，常杀伤天敌，破坏生态系统平衡，造成一些有害生物的再猖獗，或次要种类上升为主要种类。（3）有害生物产生抗药性。大量、长期的使用化学农药，使化学防治在控制病虫危害损失的同时，也带来了病虫抗药性上升和病虫暴发几率增加等问题，使控制难度加大。

化学防治是没有办法的办法、万不得已的措施，现在对"农药"的要求已经从"杀"、"抑"逐渐转为"有害生物种群调控"。在化学农药使用过程中坚持安全性原则：农残不超标、水源不污染、人畜禽蚕不中毒；坚持农药替代性原则：优先选择非化学措施；坚持可持续控害原则：保持生态调控能力，以安全为核心，兼顾产量效益和生态保护。

附1：全国农业植物检疫性有害生物名单（2006-03-02，农业部）

昆虫

1. 菜豆象 *Acanthoscelides obtectus* （Say）
2. 柑橘小实蝇 *Bactrocera dorsalis* （Hendel）
3. 柑橘大实蝇 *Bactrocera minax* （Enderlein）
4. 蜜柑大实蝇 *Bactrocera tsuneonis* （Miyake）
5. 三叶斑潜蝇 *Liriomyza trifolii* （Burgess）
6. 椰心叶甲 *brontispa longissima* Gestro
7. 四纹豆象 *callosobruchus maculates* （Fabricius）
8. 苹果蠹蛾 *cydia pomonella* （Linnaeus）
9. 葡萄根瘤蚜 *daktulosphaira vitifoliae* Ftch
10. 苹果绵蚜 *Eriosoma lanigerum* （Hausmann）
11. 美国白蛾 *Hyphantria cunea* （Drury）
12. 马铃薯甲虫 *Leptinotarsa decemlineata* （Say）
13. 稻水象甲 *Lissorhoptrus oryzophilus* Kuschel
14. 蔗扁蛾 *Opogona sacchari* Bojer
15. 红火蚁 *Solenopsis invicta* Buren
16. 芒果果肉象甲 *Sternochetus frigidus* （Fabricius）
17. 芒果果实象甲 *Sternochetus olivieri* （Faust）

线虫

18. 菊花滑刃线虫 *Aphelenchoides ritzemabosi* （Schwartz） Steiner & Buhrer

19. 腐烂茎线虫 *Ditylenchus destructor Thorne*

20. 香蕉穿孔线虫 *Radopholus similes* （Cobb）Thorne

细菌

21. 瓜类果斑病菌 Acidovorax avenae subsp. citrulli （Schaad et al.） willems et al

22. 柑橘黄龙病菌 Candidatus liberobacter asiaticum Jagoueix et al.

23. 番茄溃疡病菌 Clavibacter michiganensis subsp. michiganensis （Smith） Davis et al

24. 十字花科黑斑病菌 Pseudomonas syringae pv. maculicola （Mcculloch） Young et al

25. 番茄细菌性叶斑病菌 Pseudomonas syringae pv. tomato （Okabe） Young, Dye & Wilkie

26. 柑橘溃疡病菌 Xanthomonas axonopodis pv. citri （Hasse） Vauterin et al

27. 水稻细菌性条斑病菌 Xanthomonas oryzae pv. oryzicola （Fang et al.） Swings et al

真菌

28. 黄瓜黑星病菌 Cladosporium cucumerinum Ellis & Arthur

29. 香蕉镰刀菌枯萎病菌4号小种 Fusarium oxysporum f. sp. cubense （Smith） Snyder & Hansen race 4

30. 玉米霜霉病菌 Peronosclerospora spp.

31. 大豆疫霉病菌 Phytophthora sojae Kaufmann&Gerdemann

32. 马铃薯癌肿病菌 Synchytrium endobioticum （Schilb.） Percival

33. 苹果黑星病菌 Venturia inaequalis （Cooke） Winter

34. 苜蓿黄萎病菌 Verticillium albo-atrum Reinke & Berthold

35. 棉花黄萎病菌 Verticillium dahliae Keb.

病毒

36. 李属坏死环斑病毒 Prunus necrotic ringspot ilarvirus

37. 烟草环斑病毒 Tobacco ringspot nepovirus

38. 番茄斑萎病毒 Tomato spotted wilt tospovirus

杂草

39. 豚草属 *Ambrosia spp.*

40. 菟丝子属 *Cuscuta spp.*

41. 毒麦 *Lolium temulentum* L.

42. 列当属 *Orobanche spp.*

43. 假高粱 *Sorghum halepense* （L.） Per

附2：全国应施检疫的植物及植物产品名单（2006-03-02，农业部）

一、稻、麦、玉米、高粱、豆类、薯类等作物的种子、块根、块茎及其他繁殖材料和来源于发生疫情的县级行政区域的上述植物产品；

二、棉、麻、烟、茶、桑、花生、向日葵、芝麻、油菜、甘蔗、甜菜等作物的种子、种苗及其他繁殖材料和来源于发生疫情的县级行政区域的上述植物产品；

三、西瓜、甜瓜、香瓜、哈密瓜、葡萄、苹果、梨、桃、李、杏、梅、沙果、山楂、柿、柑、橘、橙、柚、猕猴桃、柠檬、荔枝、枇杷、龙眼、香蕉、菠萝、芒果、咖啡、可可、腰果、番石榴、胡椒等作物的种子、苗木、接穗、砧木、试管苗及其他繁殖材料和来源于发生疫情的县级行政区域的上述植物产品；

四、花卉的种子、种苗、球茎、鳞茎等繁殖材料及切花、盆景花卉；

五、蔬菜作物的种子、种苗和来源于发生疫情的县级行政区域的蔬菜产品；

六、中药材种苗和来源于发生疫情的县级行政区域的中药材产品；

七、牧草、草坪草、绿肥的种子种苗及食用菌的种子、细胞繁殖体和来源于发生疫情的县级行政区域的上述植物产品；

八、麦麸、麦秆、稻草、芦苇等可能受检疫性有害生物污染的植物产品及包装材料。

【复习思考题】

一、填空题

1. 灯光诱杀害虫以_____灯效果最好，开灯时间选择在_____ _____诱杀效果较好。

2. 植物检疫的步骤包括_____、_____、_____、_____。

3. 生物防治法常用的方法有_____、_____、_____、_____、_____等。

4. 涂白剂的配方是_____、_____、_____、_____。

二、是非题

1. 凡国内没有或只局部地区发生的危险性病虫草害应列为植物检疫对象。……（　　）

2. 凡种子、苗木及其他繁殖材料，在调运之前都必须经过检疫。………（　　）

3. 灯光诱杀害虫以黑光灯效果最好，开灯时间应在成虫盛发期选择闷热、无风雨、无月光的上半夜开灯效果好。………（　　）

4. 黄色黏胶板可以诱杀蚜虫、温室白粉虱、叶蝉、红蜘蛛。………（　　）

5. 温汤浸种的温度一般为50～60℃，处理15～30min。………（　　）

6. 温室土壤蒸汽消毒温度越高越好。………（　　）

7. 多数瓢虫、食蚜蝇、草蛉、蜘蛛、小蜂、姬蜂、茧蜂都是害虫的天敌，应加以保护利用。………（　　）

8. Bt制剂是指真菌杀虫剂。 ………………………………………………………… （　　）

9. 阿维菌素是一种微生物代谢物，对人畜几乎无毒。 ………………………… （　　）

三、单项选择题（选择1个正确的答案，把其序号填在空格内）

1. 奥绿1号是一种_____。

    A、生物杀菌剂　　　B、细菌杀虫剂　　　C、病毒杀虫剂　　　D、除草剂

2. 下列属于我国农业植物检疫性有害生物的是_____。

    A、菊花枯萎病　　　B、温室白粉虱　　　C、蔗扁蛾　　　　D、美洲斑潜蝇

四、名词解释

    1. 有害生物综合治理　　　　　　5. 物理机械防治法

    2. 经济允许水平　　　　　　　　6. 生物防治

    3. 防治指标　　　　　　　　　　7. 交互保护作用

    4. 植物检疫

五、问答题

在花卉病虫害防治中，为何要以综合治理为核心实现对病虫害的可持续控制？

学习情境 2

农药的合理安全使用

【学习目标】

通过本情境的学习，了解农药的分类方法，了解花卉、园圃常用杀虫剂、杀螨剂、杀菌剂、杀线虫剂、除草剂等各类常用农药的特性；掌握各类农药剂型的特性及常用的施药方法；会进行农药的稀释计算和稀释配制；能鉴别乳油和水剂、粉剂和可湿性粉剂，能判别乳油、可湿性粉剂的质量优劣；掌握合理安全使用农药的原则，做到合理、安全、科学地使用农药，达到保护环境，实现花卉园圃有害生物可持续控制的目的。

子情境1　农药分类及使用

一、化学农药的含义及分类

化学农药是指用于防治农林植物及其产品的病、虫、草、鼠等有害生物及其调节植物生长的药剂，还包括提高药剂效力的增效剂和辅助剂。

化学农药按防治对象及用途分为：杀虫剂、杀螨剂、杀菌剂、杀线虫剂、除草剂、杀鼠剂、植物生长调节剂。每一类又可按作用方式等再分为若干类。

（一）杀虫剂

按作用方式分为：

1．胃毒剂　经害虫直接取食后引起中毒死亡的药剂。用于防治咀嚼式口器害虫。如敌百虫等。

2．触杀剂　通过接触害虫体壁进入体内引起中毒死亡的药剂，如叶蝉散、速扑杀。

3．内吸剂　能被植物根、茎、叶吸收并能在体内传导到其他部位的药剂。如乐果、吡虫啉等。

4．熏蒸剂　药剂经气体状态通过害虫呼吸系统进入虫体内使之中毒死亡的药剂。如敌敌畏、磷化铝等。

5．驱避剂（忌避剂）　使害虫不敢来接近的药剂。如樟脑丸、驱蚊油等。

6．拒食剂　害虫取食后拒绝再取食而饿死。如印楝素。

7．其他　不育剂、昆虫生长调节剂等。

（二）杀菌剂

1．按作用方式可分为：

（1）保护剂。在病原物侵入植物以前用来处理植物，能保护植物不受病原物侵染的药剂。如波尔多液、代森锌等。

（2）治疗剂。在病原物侵入植物后施用，能杀死或抑制植物体内病原物的生长繁殖，对病株有治疗作用的药剂。如多菌灵、粉锈宁等。

2．按能否被植物吸收传导可分为：

（1）非内吸杀菌剂。这类杀菌剂一般为保护剂。

（2）内吸杀菌剂。这类杀菌剂一般都具有保护和治疗作用。

（三）除草剂

1．按除草的性质可分为：

（1）选择性除草剂。是指在一定剂量范围内，只能杀死某些植物，而对另些植物无害或安全的除草剂。如快杀稗、苄黄隆、盖草能等。

（2）灭生性除草剂。对所有的植物都有杀伤作用的除草剂。如草甘膦、百草枯等。

2．按作用方式（能否在植物体内传导）可分为：

（1）内吸型（传导型）。这类除草剂能被植物的根、茎、叶吸收并能传导到植株的各个部位，使全株死亡。可防除一年生和多年生杂草。如草甘膦、盖草能等。

（2）触杀型。这类除草剂只能杀死接触到药剂的部位，不能在植物体内传导。用于防除一年生杂草，对多年生杂草只能杀死地上部分，对地下部分无效。施药时要均匀周到。如苯达松、百草枯等。

3．按使用方法可分为：

（1）茎叶处理剂。适宜在杂草生长期使用，将除草剂直接喷洒于杂草叶面或全株。如使它隆、草甘膦等。

（2）土壤处理剂。将药剂施于土壤中或土表，抑制杂草萌发和幼根、幼芽或幼苗的生长。一般在栽培植物播种前或播后苗前或苗木生长期杂草未出土前施用。如氟乐灵、乙草胺等。

二、农药加工剂型

由工厂化学合成未经加工的农药称原药。除少数农药的原药不需加工可直接使用外，绝大多数原药都要加工成一定的剂型才能使用。主要是通过与农药助剂混合后，来改善原药的理化性质、提高农药的分散性，便于使用。经加工后的农药称农药制剂，农药制剂的全称包括农药含量、名称、剂型。农药制剂具有一定的物理形态，简称为剂型。常用剂型有：

1．乳油　原药＋溶剂＋乳化剂配成的透明液体，加水呈乳浊液（图2-1）。可作喷雾等用。

图2-1　乳油及加水后呈乳状

乳油质量要求：长期贮存不沉淀、不分层、不混浊、有效成分不分解失效，加水稀释呈均匀的乳浊液。

2．水剂　部分溶于水的药剂直接加水制成（图2-2）。

3．可湿性粉剂　原药＋填充料＋湿润剂经机械粉碎制成。加水呈悬浮液（图2-3），可作喷雾用。可湿性粉剂要求粉粒细、悬浮率高、被水湿润快。

4．粉剂　原药＋填充料经机械粉碎制成。作喷粉等用。

5．颗粒剂　将一定量的农药喷在颗粒载体上制成（图2-4）。颗粒剂可直接撒施、根区施药、灌心等。具有使用方便、省工省时、残效期长、污染小、对天敌安全、能使高毒农药低毒化的优点。

6．其他剂型　缓释剂、胶悬剂、干悬浮剂、水分散颗粒剂、可溶性粉剂、烟剂（图2-5）、片剂、微乳剂、固体乳油、可流动粉剂等 。

图2-2　水剂及加水后呈溶液

图2-3　可湿性粉剂及加水后呈悬浮液

图2-4　颗粒剂

图2-5　烟剂

三、农药的使用方法

1. 喷雾法　喷雾法是借助喷雾器械将药液均匀地喷于目标植物上的施药方法，是目前生产上应用最广泛的一种方法。其优点是药液可直接接触防治对象，且分布均匀，见效快，缺点是药液易飘移流失，对施药人员的安全性差。根据单位面积的喷药液量的多少和雾滴的粗细，可分为：

（1）常容量喷雾法。每亩用药液量50～100kg，喷出的雾滴直径在200μm左右。如背负式手摇喷雾器喷雾（图2-6）。

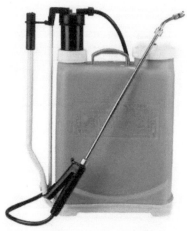

图2-6　手动背负式喷雾器

（2）低容量喷雾法。每亩用药液量3.5～13.5kg。喷出的雾滴直径在100～150μm。如机动弥雾机喷雾（图2-7）。

（3）超低容量喷雾法。每亩用药液量0.05～0.35kg，雾滴直径在100μm以下。如手持式电动式超低量喷雾器喷雾（图2-8）。

低容量和超低容量喷雾的优点是：（1）用水量少，工效高；（2）浓度高，雾滴细，药效高。缺点是（1）雾滴细，污染环境大，防效受风速影响大；（2）浓度高，易产生药害。一般低量和超低量喷雾较适宜于喷施内吸性药剂或防治叶面病虫害，药剂要求低毒。

2. 撒施法　包括撒颗粒剂、撒毒土。撒毒土一般每亩用土量为15～30kg，与药剂均匀拌匀撒施。适用于地下害虫及根茎基部病虫害。

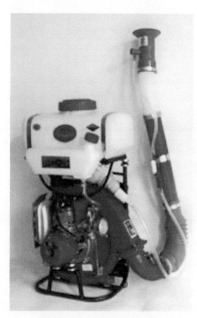

图2-7　机动弥雾机

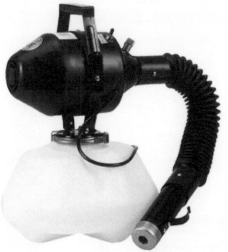

图2-8　超低容量喷雾器

3．灌根　适用于根、茎基部病虫害。

4．拌种浸种浸苗法　适用于种苗带菌及其地下害虫防治。

5．毒饵法　用害虫喜食的饵料与具有胃毒作用的药剂按一定比例拌和制成。适用于地下害虫及鼠类防治。

6．土壤处理法　适用于土传病害、地下害虫及杂草防治。

7．熏烟法、熏蒸法　适用于大棚温室。

8．涂抹法、注射法、打孔法等　适用于内吸性药剂防治害虫。

四、农药稀释计算

（一）药剂浓度表示法及换算

药剂浓度表示法常用的有百分比浓度（％）、百万分浓度（10^{-6} 或 $\mu g/g$）和稀释倍数（即稀释后的药剂量是稀释前药剂量（用药量）的多少倍）。其换算方法为：

$1\% = 10000 \times 10^{-6} = 10000 ppm$

稀释倍数＝稀释后药剂重量（$W_{稀}$）/用药量（$W_{原}$）

$\qquad$ ＝原药剂浓度（$C_{原}$）/稀释后浓度（$C_{稀}$）

（二）用药量及稀释剂量计算

用药量（$W_{原}$）计算：$W_{原} = W_{稀}/$稀释倍数$= W_{稀} C_{稀}/C_{原}$

稀释剂量计算方法：如稀释100倍以下，稀释剂量＝$W_{稀} - W_{原}$。如稀释100倍以上，稀释剂量＝$W_{稀}$

五、农药的合理、安全使用

（一）农药的毒性

农药的毒性是指对人畜的毒害程度。可分为：

1．急性毒性　农药经人畜口、眼、皮肤及呼吸道摄入后在短时间内即表现中毒症状。可分为口服毒性、经皮毒性和吸入毒性。经皮毒性小的对使用者安全。急性毒性大小通常用致死中量（LD_{50}）来表示。LD_{50} 是指杀死试验动物一半所需的药剂量（单位为 mg/kg）。按照 LD_{50} 大小，卫生部把农药的急性毒性分为三个等级：高毒、中等毒性、低毒。

表1-1　我国农药急性毒性的分级标准（暂定）（$LD_{50} mg/kg$）

给药途径	I级（高毒）	II级（中毒）	III级（低毒）
大鼠口服	＜50	50～500	＞500
大鼠经皮（24小时）	＜200	200～1000	＞1000
大鼠吸入（1小时）	＜2	2～10	＞10

2．亚急性毒性　即在3个月以上时间内经常接触、吸入或食物带有农药，最后导致与急性中毒类似症状。

3. 慢性毒性　有些化学性质稳定的农药，使用后不易分解，污染环境和食物，长期少量被人畜摄入后逐渐引起内脏机能受损，阻碍正常的生理代谢过程而发生毒害称慢性毒性。主要表现为致癌、致畸、致突变。

（二）有害生物的抗药性及克服措施

1. 抗药性概念　在一个地区，由于长期使用某种农药防治某种病、虫、杂草后，往往药效降低，常需要超过原来所需剂量或浓度的许多倍，才能达到原来的防治效果，这种现象称有害生物的抗药性。抗药性是通过比较抗性品质与敏感品系的致死中量或半数致死浓度的倍数来确定的。对农林害虫来说，若倍数提高2倍以上，一般认为已产生抗药性，倍数愈大，抗药性程度也愈大。如2009年监测山东半岛、华北平原棉区大部分棉铃虫对辛硫磷抗性倍数为5.72～41.06，对三氟氯氰菊酯抗性倍数为20.69～108.25；大部分地区褐飞虱对吡虫啉抗性倍数为168.09～521.50。

害虫或病原菌对某种农药产生抗药性后，对从未使用过的某些农药也产生了抗药性，这种现象称交互抗药性。如抗内吸磷的棉蚜对乐果、1605等也产生了抗性。抗杀灭菊酯的玉米螟对溴氰菊酯产生抗药性。一般来说同一类型或作用机制相似的药剂易产生交互抗药性，不同类型且作用机制不同的药剂不易产生交互抗药性。害虫或病原物对一种农药产生抗药性后反而对另一种农药表现特别敏感，这种现象称负交互抗药性。如抗马拉松的黑尾叶蝉，对杀灭菊酯的敏感度上升4.5倍，又如抗敌百虫的菜青虫对辛硫磷具有负交互抗药性。

2. 抗药性形成及机制

（1）抗性形成过程。有害生物抗药性形成过程有以下几种：①农药选择的结果。有害生物个体之间本身存在着抗性差异，在农药的选择压力下，敏感个体被淘汰，抗性个体被保留，通过繁殖逐渐形成抗性品系，最终形成抗性种群。②农药诱导的结果。有害生物体内本身不存在抗性基因，但在药剂的诱导下，产生基因突变，从而形成抗性品系。③基因重复。有害生物体内本身存在抗性基因，在药剂的诱导下引起基因重复，即抗性基因由少变多而产生抗性。④染色体重组。因染色体易位或倒位产生改变的酶或蛋白质，引起抗性的进化。

一般来说繁殖快、年发生代数多及迁移力差的害虫、残效期长的药剂及内吸杀菌剂、用药量大或浓度高或用药次数多的地区容易产生抗药性，长期单一使用某种农药的比多种农药轮用、混用抗性形成快。

（2）抗药性机制。有害生物抗药性的机制非常复杂。目前研究得比较清楚的抗药性机制有：①有害生物解毒作用增强，如产生了各种解毒酶把农药分解为无毒物质。②作用点敏感度降低。③昆虫或病原物的物理保护机制，包括昆虫表皮对药剂的通透性降低或将药剂贮存在脂肪组织中的能力增加或排泄作用增强等。病原真菌和细菌的细胞壁增厚等。

3. 克服和延缓抗药性产生的措施

（1）合理混用作用机制不同的农药。

（2）交替使用作用机制不同的农药。

（3）改换无交互抗药性的农药。

（4）加增效剂，如增效醚、稻瘟净等。

（5）开展综合防治，尽量减少用药面积、用药次数和用药量。

（三）合理使用农药

农药的合理使用就是要贯彻"经济、安全、有效"的原则，坚持生态学的观点，从综合治理的角度出发，科学使用农药。在生产中要做到以下几点：

1．对症下药 必须根据农药特性、防治对象、作物种类和生育期等选择合适的农药，对症下药。

2．适时施药 要抓住病虫发生的有利时机进行，过早过迟效果都不好。一般防治害虫应掌握在低龄幼虫阶段或钻蛀前，同时尽量避开天敌敏感期。对病害应在发病初期或作物易感病期施药。另外还应根据药剂特性和作物生育期来确定适期。

3．准确掌握用药量 应按照规定的用药量、浓度及次数使用，推广有效低用量和低浓度。根据田间发生量和防治指标决定用药与否，以减少用药次数。使用一种新农药必须试验、示范，找出适宜的用药量和浓度。

4．选择适当的施药方法 施药方法应根据病、虫种类、药剂性能来选择。既要对防治对象有效，又要不污染环境，保护天敌和作物安全。

5．看天气用药 有风雨天气避免用药，病害应抢雨前或雨停间隙用。气温高应适当减少用药量，相反应增加用药量。

6．合理轮用和混用农药 农药合理轮用和混用不仅延缓抗药性产生，提高防治效果，混用还可以多种病虫兼治，并可与施肥相结合，节省用工成本。农药混用的原则：

（1）遇碱性物质易分解失效的农药，不能与碱性物质和农药混用。

（2）混用后产生不良化学反应、药剂破坏或引起作物药害的农药不能混用。

（3）混用后毒性增大的农药不能混用或使用时注意安全。

（四）安全使用农药

在使用农药防治植物病虫害的同时，要做到对人、畜、天敌、植物及其他有益生物的安全，要选择对症的药剂、准确的浓度及适当的施药时间来用药。要健全农药的保管制度，严格按"农药安全使用规定"和"农药安全使用标准"使用。禁用或限制使用部分高毒及高残留农药。高毒及高残留农药禁止在水果、蔬菜、茶叶、中药材上使用。制定和执行农药使用的安全间隔期。用高效低毒低残留农药取代高毒高残留农药，开展综合防治。这样才能真正做到合理、安全、科学地使用农药，达到保护环境，实现有害生物可持续控制的目的。

子情境2 常用农药种类及性能认知

一、杀虫、杀螨剂

常用的杀虫、杀螨剂主要有：有机磷、氨基甲酸酯类、其他有机氮类、拟除虫菊酯类及其他杀虫杀螨剂。

目前，以有机磷品种和产量最多最高，拟除虫菊酯类和一些特异性的杀虫剂及一些超高效、低毒或无毒的品种近年不断地开发，发展较快，以逐步取代高毒的有机磷杀虫剂，一些无公害的植物性杀虫剂和微生物杀虫剂受到人们重视。

（一）有机磷杀虫剂

1．特性　有机磷品种多，使用范围广，多数具有广谱杀虫作用，兼有杀螨作用，对蚊、蝇、蟑、虱、臭虫等卫生害虫也有杀灭作用，对天敌杀力大；杀虫作用方式多样，大多都有触杀、胃毒作用，有些品种还有内吸、熏蒸等不同的杀虫作用；具有高效速杀性能，产生抗性或交叉抗性少，对害虫（包括害螨）毒力强，多数品种的药效高，使用浓度较低，一般在气温高时药效更好；残效期长短不一，大部分品种7～10天；低残留，在外界或动物体内易被降解，不易污染环境和发生积累性中毒；急性毒性大多数低毒到中等毒性，但某些品种对人畜高毒，使用不当，就会发生中毒事故；遇碱性物质易分解失效，且易水解，因此不能与碱性农药、肥料等物质混用，加水喷雾应随配随用；其作用机制（也称毒理）是抑制乙酰胆碱酯酶活性，使害虫中毒死亡，人畜发生中毒后可用解磷定或阿托品解毒。

2．常用品种及性能

（1）敌百虫：胃毒作用为主、低毒、广谱性，对多种鳞翅目幼虫效果好，对刺吸式口器害虫和螨类效果差。易水解和脱氯化氢反应，在碱性条件下很快地转化成敌敌畏，进而分解失效。剂型有90%敌百虫晶体、90%敌百虫可溶性粉剂、5%敌百虫粉剂等。

使用方法：用麦糠8kg、90%敌百虫晶体0.5kg，混合拌制成毒饵，撒施在苗床上，可诱杀蝼蛄及地老虎幼虫等；用90%晶体敌百虫1000倍液，可喷杀尺蠖、天蛾、卷叶蛾、粉虱、叶蜂、草地螟、大象甲、茉莉叶螟、潜叶蝇、毒蛾、刺蛾、灯蛾、黏虫、桑毛虫、凤蝶、天牛等低龄幼虫；用90%的敌百虫晶体1000倍液浇灌花木根部，可防治蛴螬。

（2）敌敌畏（又名DDVP）：具熏蒸、触杀和胃毒作用。对害虫击倒力强而快。毒性中等偏高。残效期短，1～2天。为广谱性杀虫、杀螨剂，对咀嚼口器和刺吸口器的害虫均有效。对钻蛀性害虫防效差。对蜜蜂剧毒。玉米、高粱、瓜类、大豆易产生药害。剂型有50%乳油、80%乳油、20%塑料块缓释剂。

使用方法：防治菜青虫、甘蓝夜蛾、菜叶蜂、菜蚜、菜螟、斜纹夜蛾，用80%乳油1500～2000倍液喷雾；防治二十八星瓢虫、烟青虫、粉虱、棉铃虫、小菜蛾、灯蛾、夜蛾，用80%乳油1000倍液喷雾；防治红蜘蛛、蚜虫用50%乳油1000～1500倍液喷雾；防治小地老虎、黄守瓜、黄曲条跳甲，用80%乳油800～1000倍液喷雾或灌根；防治温室白粉虱，用80%乳油1000倍液喷雾，可防始成虫和若虫，每隔5～7天喷药1饮，连喷2～3次，即可控制为害。

（3）氧化乐果：具有触杀、胃毒和内吸作用。高毒。广谱性杀虫杀螨剂，尤其适用于防治刺吸口器害虫、螨类及潜叶性害虫。在低温期仍能保持较强的毒力。对菊科植物、桃、李、杏、梅、樱花、月季、柑橘等敏感，易产生药害。剂型有40%、50%、80%乳油。

使用方法：用40%氧化乐果乳油兑水1500～2000倍喷雾，可防治各种蚜虫、红蜘蛛、蓟马等；用40%乳油兑水1000倍喷雾，或浇灌根部，可防治吹绵蚧、褐软蚧。

（4）杀螟松（杀螟硫磷）：具强触杀和胃毒作用，渗透作用好。低毒。广谱性的杀虫杀螨剂。对鳞翅目幼虫有特效，也可防治半翅目、鞘翅目等害虫，对十字花科及高粱敏感。剂型有50%乳油。

使用方法：50%乳油一般稀释1000倍喷雾。

（5）辛硫磷：具强触杀和胃毒作用，易光解。大田叶面喷施残效期2～3天，在土壤中可长达1～2个月。低毒。广谱性杀虫杀螨剂，特别适用于果、蔬、茶、桑等作物及地下害虫的防治，对高龄幼虫也有良好效果。剂型有50%乳油、5%颗粒剂等。

使用方法：喷雾一般50%乳油每亩用50g，稀释1000倍。防治地下害虫进行土壤处理、拌种或配制毒饵。

（6）乙酰甲胺磷：为内吸杀虫剂，具有胃毒、触杀和内吸作用。是缓效型杀虫剂、在施药后见效缓慢，2～3天后效果显著，后效作用强。广谱性杀虫杀螨剂，适用于防治多种咀嚼式、刺吸式口器害虫和害螨。剂型有30%、40%乳油，25%可湿性粉剂，75%可溶性粉剂。

使用方法：菜青虫在幼虫2～3龄期进行防治，小菜蛾在1～2龄幼虫盛发期防治，每亩用30%乳油80～120ml，兑水40～50kg喷雾；蚜虫每亩用30%乳油50～70ml，兑水50～75kg均匀喷雾；柑橘介壳虫在1龄若虫期防治效果最好，用30%乳油300～600倍液均匀喷雾。

（7）三唑磷：具触杀和胃毒作用，渗透性强，具杀卵作用。毒性中等。为广谱有机磷杀虫、杀螨剂，主要用于防治鳞翅目害虫、害螨、蝇类幼虫及地下害虫等。剂型有20%乳油等。

使用方法：防治叶面害虫，一般20%乳油每亩用100～150ml加水喷雾。

（8）乐斯本（毒死蜱）：具触杀和熏蒸作用。叶面喷洒残效期3～5天，在土壤中可达2～4个月。毒性中等，对鱼、蜜蜂毒性较高。广谱性的杀虫杀螨剂。剂型有40%、48%乳油、14%颗粒剂。

使用方法：在害虫卵孵化盛期或低龄幼虫期用48%乳油1000～2000倍液喷雾。该药对鱼类及蜜蜂高毒，花卉上使用时应注意。

（9）杀扑磷（速扑杀）：具有触杀和胃毒作用及渗透作用。对人畜高毒。是一种广谱性杀虫剂，尤其对介壳虫有特效。剂型40%乳油。

使用方法：幼蚧盛发期为施药适期，40%乳油防治蜡蚧类喷施700～1500倍液；防治盾蚧类喷施1500～2000倍液。

（10）喹硫磷（爱卡士）：具有触杀和胃毒作用，有良好的渗透性，有一定的杀卵作用，毒性中等。广谱性杀虫杀螨剂。剂型有25%乳油、5%颗粒剂。

使用方法：25%乳油防治蚜虫、介壳虫用500～750倍液；防治菜青虫、斜纹夜蛾每亩用60～80ml，兑水50～60L喷雾。

（11）马拉·杀螟松：马拉硫磷和杀螟松复配而成的一种杀虫剂。具有触杀、胃毒和渗透作用。十字花科作物和高粱对此药敏感，施药时避免药液漂移到上述作物上。剂型有12%（马拉硫磷：10%，杀螟松：2%）乳油。

（二）氨基甲酸酯类杀虫剂

1. 特性

（1）多数品种对人畜低毒，无残留，不易污染环境。

（2）杀虫作用迅速，大部分残效期短。

（3）对害虫具有高度选择性，不易杀伤天敌。一般对螨、蚧类效果差。

（4）遇碱易分解失效。

（5）作用机制是抑制乙酰胆碱酯酶的活性（少数除外），人畜中毒后可用阿托品解毒。

2．主要品种及性能

（1）克百威（呋喃丹）：具触杀、胃毒和内吸作用。残效期长，面施达10～15天，土壤或种子处理达20天以上。对人畜及水生动物高毒。广谱性的杀虫杀螨、杀线虫剂。剂型有3%呋喃丹颗粒剂、35%呋喃丹种子处理剂。

使用方法：防治蚜虫、蓟马、地老虎、斜纹夜蛾及线虫等，可以用根侧追施，一般采用沟施或穴施方法进行追施，施药后即覆土，或在播种、移栽时进行土壤处理，均匀施于土中施后翻入10—15cm土中。一般每亩用3%颗粒剂4～5kg。

（2）丙硫克百威（安克力）和丁硫克百威（好年冬）：都是克百威低毒化的衍生物。对人畜毒性中等，在害虫体内转为克百威起杀虫作用。安克力剂型有5%颗粒剂、20%乳油。丁硫克百威剂型有20%乳油、350g/L种子处理剂、5%颗粒剂、35%种子处理干粉剂等。

使用方法：防治棉蚜时，每亩用20%乳油50～67ml，兑水喷雾；防治蚜虫类用20%乳油2000～3000倍液喷雾。

（3）抗蚜威（辟蚜雾）：具触杀、熏蒸和渗透叶面的作用。毒性中等。残效期短。用于防治蚜虫。剂型有50%可湿性粉剂、50%水分散粒剂、10%发烟剂、浓乳剂、气雾剂等。

使用方法：防治蔬菜蚜虫 每亩用50%可湿性粉10～18g，兑水30～50kg喷雾；防治烟草蚜虫每亩用50%可湿性粉10～18g，兑水30～50kg喷雾。

（4）乙硫苯威（灭蚜威）：具胃毒、触杀和内吸作用，毒性中等。是高效的杀蚜剂。剂型有25%乳油。

使用方法：适用于小麦、果树、蔬菜、甜菜、啤酒花、马铃薯、观赏植物等防治蚜虫，一般用量为每公顷有效成分300～375g，即25%乳油1200～1500ml，加水稀释500～1000倍液喷雾。残效期5～7天。

（5）唑蚜威（灭蚜灵）：高效杀蚜剂，具触杀和内吸作用，残效期10天左右。剂型有25%可湿性粉剂，24%、48%乳油。

使用方法：每亩使用有效成分2g左右的唑蚜威，加水喷雾，对多种作物上的蚜虫均有较好防效。对抗性桃蚜也具有较高活性。

（6）灭多威（万灵）：具触杀、胃毒和内吸作用。高毒，但经皮毒性低。为广谱杀虫剂，能有效地防治蚜虫、鳞翅目、鞘翅目、蓟马等害虫。

使用方法：24%水剂稀释500～1000倍喷雾。

（7）茚虫威（安打）：是美国杜邦公司开发的新的高效杀虫剂，通过阻止钠离子流入神经细胞干扰钠离子通道从而引起害虫麻痹而死亡。具有胃毒和杀触作用。低毒低残留，安全间隔期为1～3天，适合无公害蔬菜的生产。可高效防治甜菜夜蛾，小菜蛾、棉铃虫、菜青虫等鳞翅目害虫。

使用方法：15%安打悬浮剂加水稀释3500～4500倍喷雾。

（三）其他有机氮类杀虫剂

1．沙蚕毒类

特点：对蚕毒性很大。大多数品种具有触杀、胃毒和内吸作用，并有一定杀卵作用。作用机制是抑制乙酰胆碱受体。对螟蛾科和蓟马有特效。主要品种：杀虫双、杀虫单、多噻烷、巴丹等。

杀虫双：具有触杀、胃毒和内吸作用，还有一定的熏蒸和杀卵作用，作用缓慢。毒性中等。残效期7～10天。杀虫谱较广。能防治鳞翅目、同翅目、鞘翅目、蓟马及螨类等，施药适期宜在1、2龄前。剂型有25%水剂。

使用方法：25%水剂每亩用150～200ml，稀释600～800倍喷雾。

2．烟碱类（硝基亚甲基类）　烟碱类杀虫剂的作用机制是抑制乙酰胆碱受体。主要品种有以下几种。

（1）吡虫啉（咪蚜胺、一遍净等）：具有内吸、胃毒和触杀作用。低毒。对刺吸式口器害虫有良好防治效果。残效期长达25～30天。10%可湿性粉剂每亩用10～20g。

（2）噻虫嗪（阿克泰）：是第二代烟碱类。性能与吡虫啉相似。25%水分散粒剂使用浓度为2500～5000倍。

3．吡咯类　作用于昆虫体内细胞的线粒体上，通过昆虫体内的多功能氧化酶起作用，主要抑制二磷酸腺苷（ADP）向三磷酸腺苷（ATP）的转化。目前生产上用的主要品种有：

除尽：具有胃毒及触杀作用，并有一定的内吸作用，在植物叶面渗透性强。

可以控制对氨基甲酸酯类、有机磷酸酯类、拟除虫菊酯类和几丁质合成抑制剂类杀虫剂产生抗性的昆虫和螨类。适用于防治十字花科蔬菜、观赏植物和果树等作物上的鳞翅目、双翅目、鞘翅目、半翅目及螨类等害虫。10%悬浮剂每亩用30～40ml加水喷雾。

（四）拟除虫菊酯类杀虫剂

1．特点

（1）杀虫谱广。

（2）杀虫作用方式多样，均有强烈的触杀、胃毒作用，有些还有驱避、拒食和杀卵作用，但无内吸作用，施药时应均匀周到。

（3）高效、用量少、残效期长。用药量按有效成分计每亩一般在10g以下，药效期一般7～14天左右，长的可达3周以上。

（4）对人畜毒性低至中等，低残留，不污染环境和食品。

（5）对作物安全，具有增产作用。

（6）对天敌杀伤力大，对鱼、蜜蜂、蚕毒性大，大多品种对螨、蚧、飞虱效果较差。

（7）连续使用害虫易产生抗药性，且易产生交互抗药性，应与其他作用机制不同的农药混用或轮用。

（8）遇碱性物质易分解失效。

（9）作用机制是抑制神经轴突的神经传导。发生中毒后目前无特效解毒药。

2．主要品种及性能

（1）氰戊菊酯（杀灭菊酯、速灭杀丁）：具有触杀和胃毒作用，兼有杀卵和拒食作用。对害虫的幼虫、蛹、卵有较强的杀伤力。剂型为20%乳油。防治菜青虫、菜蚜、蓟马等，用20%乳油4000～5000倍液喷雾。防治斜纹夜蛾、甘蓝夜蛾、银纹夜蛾、棉铃虫、小菜蛾、黄守瓜、二十八星瓢虫、烟青虫，用20%乳油1000～4000倍液喷雾。

（2）溴氰菊酯（敌杀死）：是目前最高效的杀虫剂，对害虫的毒效可达滴滴涕的100倍，西维因的80倍，马拉硫磷的550倍，对硫磷的40倍。具有触杀和胃毒作用，触杀作用迅速，击倒力强，在高浓度下对一些害虫有驱避作用。持效期长（7～12天）。杀虫谱广，对鳞翅目、同翅目、缨翅目昆虫效果极好，对鞘翅目昆虫因种类不同药效差别很大，对螨类防效差。溴氰菊酯对人的皮肤及眼黏膜有刺激作用。每亩用有效成分0.1～1g兑水喷雾。

（3）氯氰菊酯（灭百可）：具触杀、胃毒、忌避、拒食和杀卵作用。高效广谱杀虫剂，每亩用0.37～2.33g有效成分兑水喷雾，可防治春蟓、地老虎、蚜虫、玉米螟、棉铃虫、棉红铃虫、尺蠖、蓟马、粉虱、跳甲、甘蓝叶蛾、潜绳、舞毒蛾、天幕毛虫和介壳虫等许多害虫。

（4）二氯苯醚菊酯（除虫精）：对害虫具有强烈的触杀和胃毒作用，兼有一定的杀卵活性。但与其他拟除虫菊酯类农药相比，毒性较低，刺激性相对较小，击倒速度更快，同等条件下害虫抗药性发展慢等。广谱性杀虫剂。对棉蚜、棉铃虫、棉红铃虫、棉金钢钻、棉造桥虫、玉米螟、菜青虫、小菜蛾、桃小食心虫、苹小食心虫、梨小食心虫、二十八星瓢虫，茶毛虫、茶尺蠖等有良好效果。可用于防治家蝇、蚊子、蟑螂等卫生害虫。田间药效期5天左右。每亩用有效成分1～10g，兑水喷雾。

（5）三氟氯氰菊酯（功夫菊酯）：具有极强胃毒和触杀作用。广谱杀虫剂，对磷翅目、鞘翅目和半翅目、同翅目等多种害虫有良好效果，对叶螨、锈螨、瘿螨、跗线螨等螨类有一定的兼治作用，在虫螨并发时可以兼治。2.5%乳油每亩用10～50ml，稀释4000～8000倍，兼治螨类用1000～2000倍。

（6）氟氯氰菊酯（联苯菊酯、虫螨灵、天王星）：具有触杀和胃毒作用，持效期长。适用于果树、蔬菜、茶树、大豆等植物的杀虫。广谱，能有效地防治鳞翅目、鞘翅目、半翅目和同翅目等害虫，如斜纹夜蛾、菜粉蝶、尺蠖、小菜蛾、黏虫、玉米螟、地老虎、叶甲、蚜虫、美洲斑潜蝇等害虫，对螨类也有良好的效果。10%乳油每亩用25～40ml，稀释2500～5000倍。

（7）甲氰菊酯（灭扫利）：具有触杀、胃毒和驱避作用。能杀幼虫、成虫及卵，对多种害虫、螨类有效，在田间有中等程度的持效期，低温下药效更好残效期更长，提倡早春或秋冬使用。20%乳油每亩用20～40ml，稀释2000～10000倍。

（8）氟胺氰菊酯（马扑力克）：具触杀和胃毒作用，是高效广谱杀虫、杀螨剂。可有效地防治果树、蔬菜、观赏植物多种鳞翅目、同翅目、缨翅目害虫和叶螨等，如棉铃虫、棉红蜘蛛、玉米螟、菜青虫、小菜蛾、柑橘潜叶蛾、茶毛虫、茶尺蠖、桃小食心虫、绿盲椿、棉蚜、叶蝉、粉虱、黏虫、大豆食心虫、大豆蚜虫、甜菜夜蛾等。20%乳油一般加水稀释1000～3000倍液喷雾。

（9）醚菊酯（多来宝 ）：具有触杀和胃毒作用，杀虫活性高。药后30分钟能达到50%以上。 持效期较长，正常情况下达20天以上，对作物和天敌安全。对同翅目飞虱科特效，同时对鳞翅目、半翅目、直翅目、鞘翅目、双翅目和等翅目等多种害虫也有很好的效果。尤其对水稻稻飞虱的防治效果显著。是允许在水稻上使用的拟虫菊酯类农药。10%悬浮剂每亩用30～40ml，兑水喷雾。

（10）乙氰菊酯：以触杀为主，还具有忌避、拒食和抑制虫卵孵化的作用，几乎无胃毒作用，但对害虫的作用快。对高等动物低毒。对蜜蜂、家蚕有毒，对鱼类等水生生物和鸟类低毒，可用于水田。杀虫广谱，对鳞翅目、鞘翅目、半翅目、缨翅目等多种害虫有效。主要用于水稻、蔬菜、果树、茶树等作物，防治稻水象甲、稻象甲、螟虫、黑尾叶蝉、菜粉蝶、斜纹夜蛾、蚜虫、大豆食心虫、茶小卷叶蛾、茶黄蓟马、柑橘潜叶蛾、桃小食心虫、棉铃虫、二十八星瓢虫等。剂型有乳油、粉剂、颗粒剂等。

使用方法：用量按有效成分每亩用3.5～20g，果树上使用浓度为50～400mg/kg。

（五）特异性杀虫剂

这类药剂的特点是：使昆虫生长发育、繁殖、行为、习性等受到抑制和阻碍，生物活性高，具有明显的选择性，对天敌安全。对人畜安全，低毒，残毒小，较少污染环境。

主要品种有：

（1）除虫脲（灭幼脲1号）：具胃毒和触杀作用，还有杀卵作用。低毒。对鳞翅目幼虫特效，对鞘翅目、双翅目多种害虫也有效，对刺吸害虫无效。残效期15～20天。

使用方法：20%悬浮剂一般稀释1000～2000倍喷雾。

（2）灭幼脲（灭幼脲3号）：以胃毒为主，兼触杀作用。对鳞翅目及柑橘全爪螨有良好效果。用于防治松毛虫、舞毒蛾、舟蛾、天幕毛虫、美国白蛾、黏虫、螟虫、菜青虫、小菜蛾、甘蓝夜蛾、斜纹夜蛾、桃小食心虫、茶尺蠖等。常用制剂：25%悬浮剂，混剂有25%阿维•灭幼脲悬浮剂，25%甲维盐•灭幼脲悬浮剂。

使用方法：25%悬浮剂兑水稀释1000～2000倍喷雾。

（3）抑太保和农梦特：具有胃毒和触杀作用。对鳞翅目等多种害虫有效，但对蚜虫、叶蝉、飞虱几乎无效。

使用方法：5%乳油兑水稀释1000～2000倍喷雾。

（4）扑虱灵（噻嗪酮）：以触杀为主，兼有胃毒和熏蒸作用。对成虫无效，但对卵孵化有一定的抑制作用。残效期长达30～40天。对飞虱、叶蝉、粉虱、蚧类有良好效果。扑虱灵是高效，持效期长，选择性强，安全的新型昆虫生长调节剂，属非杀生性农药。

使用方法：25%可湿性粉剂每亩用20～30g，兑水稀释1500～2000倍使用。

上述5种农药属灭幼脲类杀虫剂，作用机制是抑制昆虫表皮几丁质合成，使害虫不能正常蜕皮死亡。施药时间宜掌握在1、2龄阶段进行。

（5）抑食肼（虫死净）：具有胃毒作用。抑制害虫取食和产卵，残效期长。适用于防治鳞翅目及某些同翅目、鞘翅目和双翅目害虫。

使用方法：5%乳油一般稀释1000倍喷雾。

（六）杀螨剂

（1）双甲脒和单甲脒：是良好的杀螨剂，对螨卵、若螨及成螨均有效。具触杀和熏蒸作用。残效期1～2周，低毒。

使用方法：20%乳油兑水稀释1000～2000倍喷雾。

（2）克螨特：是一种杀螨剂，具触杀和胃毒作用，对成螨和若螨有效。残效期3～5

周。剂型主要有73%乳油。

使用方法：防治柑橘红蜘蛛、柑橘锈壁虱、苹果红蜘蛛、山楂红蜘蛛，用73%乳油2000～3000倍液喷雾；防治茶叶瘿螨，茶橙瘿螨用73%乳油1500～2000倍液喷雾。

（3）溴螨酯：是一种杀螨剂，具触杀作用，对成螨、若螨、螨卵均有杀伤作用，残效期长，残效期20天以上，毒性低，对天敌、蜜蜂及作物比较安全。剂型主要有50%乳油。

使用方法：50%乳油兑水稀释1000～1500倍均匀喷雾。

（4）哒螨灵（哒螨酮、扫螨净）：广谱杀螨剂，具有强触杀作用，对叶螨各个虫态均有效，残效期1～2个月，毒性中等。剂型主要有20%可湿性粉剂、15%乳油。

使用方法：在害螨发生期均可施用（为提高防治效果最好在平均每叶2～3头时使用），将20%可湿性粉剂或15%乳油对水稀释至50～70mg/L（2300～3000倍）喷雾。

（5）四螨嗪（螨死净、阿波罗）：对螨卵效果好，对其他虫态效果差或无效。残效期1～2个月。剂型有10%可湿性粉剂、25%悬浮剂。

使用方法：10%可湿性粉剂和25%悬浮剂防治柑橘红蜘蛛的使用浓度为100～125mg/L，防治苹果树叶螨、红蜘蛛的使用浓度为85～100mg/L。

（6）阿维菌素（灭虫灵，杀虫素）：是一种抗生素类杀螨杀虫剂，高毒。具有胃毒和触杀作用，对各种害螨、同翅目、鳞翅目、鞘翅目等均有高效，尤其是对螨类活性高。药效期30天左右。防治害虫药效期7～14天。剂型有0.5%、0.6%、1.0%、1.8%、2%、3.2%、5%乳油，1%、1.8%可湿性粉剂，0.5%高渗微乳油等。由于害虫抗性等原因，现一般与毒死蜱等其他农药混配使用。

使用方法：防治小菜蛾、菜青虫，在低龄幼虫期使用1000～1500倍2%阿维菌素乳油+1000倍1%甲维盐，可有效地控制其为害，药后14天对小菜蛾的防效仍达90%～95%，对菜青虫的防效可达95%以上；防治金纹细蛾、潜叶蛾、潜叶蝇、美洲斑潜蝇和白粉虱等害虫，在卵孵化盛期和幼虫发生期用3000～5000倍1.8%阿维菌素乳油+1000倍高氯喷雾，药后7～10天防效仍达90%以上。

（7）甲氨基阿维菌素苯甲酸盐（甲维盐）：制剂几乎无毒。对天敌安全。具有胃毒作用又兼触杀作用。为广谱性的杀螨杀虫剂，对螨类、鳞翅目、双翅目、蓟马类、鞘翅目超高效。在非常低的剂量下具有很好的效果，其制剂有0.2%、0.5%、0.8%、1%、1.5%、2%、2.2%、3%、5%、5.7%等多种含量，还有3.2%甲维氯氰复制制剂。

使用方法：1%乳油加水稀释2000～3000倍喷雾。

二、杀菌剂

（一）无机杀菌剂

1. 波尔多液 波尔多液是一种广谱性的保护剂。由硫酸铜、生石灰和水混合配制而成。为天蓝色黏稠状悬浮液，呈碱性，放置时间过久会发生沉淀，用时应随配随用。有良好的悬浮性和黏着性，不易被雨水冲刷。其残效期在10天左右。但对白粉病效果差。

生产上常用的波尔多液比例有：波尔多液石灰等量式（硫酸铜:生石灰=1:1）、倍量式（1:2）、半量式（1:0.5）和多量式（1:3～5）。用水量一般为硫酸铜的100～240倍。

波尔多液配制方法：通常采用两液同注法配制，按用水量一半溶化硫酸铜，另一半溶化生石灰，待完全溶化后，再将两者同时缓慢倒入备用的容器中，不断搅拌。也可用10%～20%的水溶化生石灰，80%～90%的水溶化硫酸铜，待其充分溶化后，将硫酸铜溶液缓慢倒入石灰乳中，边倒边搅拌即成波尔多液。但切不可将石灰乳倒入硫酸铜溶液中，否则质量不好，防效较差。

波尔多液的质量与生石灰关系很大，生石灰要选白而轻的块状生石灰，质地要纯。如用熟石灰，石灰的用量要增加30%。

注意事项：配制容器不能用金属器皿（主要是化学性质比铜活泼的金属）；喷过的药械要及时洗净，防止腐蚀（主要针对化学性质比铜活泼的金属）。施药最好在晴天下午，天冷、潮湿、阴雨天易药害。阴雨天、雾天、早晨露水未干时均不能使用，以免发生药害。波尔多液不能与肥皂、石硫合剂混用，两药间隔期为15～20天。而且不能先配成浓缩的波尔多液再加水稀释。一次配成的波尔多液是胶悬体，相对比较稳定，若再加水则会形成沉淀或结晶而影响质量，易造成药害。对桃、李、梅、杏、大豆、白菜作物等药害严重，不宜使用波尔多液。

2．可杀得（氢氧化铜）　是广谱性保护剂，可预防多种植物真菌性和细菌性病害。

使用方法：53.8%可杀得2000干悬浮剂一般稀释1000～2000倍喷施。对铜剂敏感的作物不能用。

3．石硫合剂　是由生石灰、硫磺加水按1∶2∶（10～15）比例熬制而成。熬煮好石硫合剂的关键是：锅大、火急、灰白、粉细、一气煮成老酱油色。石硫合剂原液呈琥珀色透明液体，有强烈的臭蛋味，呈碱性，有强腐蚀性，在空气中易氧化而降低药效。

石硫合剂是一种良好的杀菌、杀虫、杀螨剂。目前主要用于果树、花木休眠期病虫害的防治，休眠期使用一般浓度为5波美度。

（二）有机硫杀菌剂

这类杀菌剂具有高效低毒、防病谱广，病菌不易产生抗药性的优点，目前这类杀菌剂发展趋势是与内吸杀菌剂混用。主要包括代森类和福美类。

1．代森锌　广谱性保护剂，目前主要用于果、蔬、花卉病害防治。

使用方法：65%可湿性粉剂稀释500～600倍喷雾。不能与碱性农药混用。

2．代森锰锌（喷克、大生等）　广谱性保护剂。主要用于果、蔬、花卉等病害防治。

使用方法：80%可湿性粉剂稀释600～800倍喷雾。

3．福美双　广谱保护剂，是一种良好的种子、土壤处理剂，对种传和苗期土壤病害有良好防效。

使用方法：种子处理用50%可湿性粉剂按种子量的0.3%～0.5%拌种。苗床土壤处理每平方米用50%可湿性粉剂4～5g加70%五氯硝基苯4～5g再加细土10～15kg混匀作垫土和盖土。喷雾用50%可湿性粉剂1000倍液。不能与铜剂混用。

4．炭疽福美　为福美双和福美锌混剂。是一种保护剂。用于防治作物炭疽病。剂型有40%、80%可湿性粉剂。

使用方法：80%可湿性粉剂稀释700～800倍，7～10天喷一次，共施2～3次。

（三）取代苯类

1. 托布津和甲基托布津　具有内吸保护和治疗作用，广谱性杀菌剂。对多种真菌性病害有效。药效期7～10天。

使用方法：50%托布津可湿性粉剂每亩用50～100g，稀释500～1000倍。70%甲基托布津可湿性粉剂每亩用50g，稀释1000倍。可与多种农药包括碱性农药混用，但不能与含铜制剂混用。

2. 百菌清　广谱性保护剂。对多种真菌性病害有效。以果树和蔬菜、花卉上用得较普遍。残效期7～10天。

使用方法：75%可湿性粉剂稀释500～800倍喷雾。不能与碱性农药混用。梨、柿对此药敏感不可使用，高浓度桃、梅、苹果也会产生药害。

3. 瑞毒霉（甲霜灵）　具有内吸双向传导和保护、治疗作用。残效期10～14天。对卵菌引起的病害有特效。可防治各种作物霜霉病、疫病、白锈病、猝倒病等。剂型有25%可湿性粉剂（单剂）、58%瑞毒霉锰锌、40%甲霜铜等。

使用方法：58%可湿性粉剂稀释500～800倍，于发病初期喷一次，隔10～14天喷一次，连用2～3次。不能与碱性农药混用，单剂病菌易产生抗药性，宜用复配剂（如甲霜锰锌、甲霜铜）或轮用。

（四）杂环类

1. 多菌灵　具有内吸保护和治疗作用，广谱性杀菌剂。对多种真菌性病害有效。药效期7～10天。

使用方法：50%可湿性粉剂每亩用50～100g，稀释500～1000倍。可与多种农药包括碱性农药混用，但不能与含铜制剂混用。

2. 三唑酮（粉锈宁）　具内吸保护治疗和铲除作用。残效期40～50天。对白粉病和锈病特效。对叶斑病和炭疽病有一定的效果。剂型有25%可湿性粉剂、20%乳油等。

使用方法：25%可湿性粉剂亩用25～50g或稀释1000～1500倍喷雾。

3. 腐霉利（速克灵）　具有内吸保护和治疗作用。对葡萄孢属及核盘菌属引起的病害有特效，主要用于防治各种作物的灰霉病和菌核病。

使用方法：50%可湿性粉剂每亩用30～60g，稀释1000～2000倍喷雾。不能与碱性农药和有机磷农药混用。在幼苗、弱苗、白菜、萝卜、番茄及高温高湿下喷施要注意浓度，以免药害。长期单一使用病菌易产生抗药性。（与乙霉威的混配制剂为速霉威，对抗性灰霉病菌和菌核病菌均有效）

4. 乙烯菌核利（农利灵）　是一种非内吸性保护剂。能有效地防治灰霉病和菌核病。剂型有50%可湿性粉剂和50%水分散剂。

使用方法：50%可湿性粉剂一般每亩用37.5～50g稀释1000～1300倍，核果类浓度适当提高到600～1000倍。于发病初期开始，隔10～14天一次，连喷3～4次。

5. 异菌脲（扑海因）　广谱性内吸保护治疗剂，能防治各种灰霉病、菌核病、梨黑星病、瓜类炭疽病、枯萎病、玉米大、小斑病、番茄早疫病等。

使用方法：50%可湿性粉剂每亩用75～100g，稀释500～800倍喷雾。

6. 咪鲜胺（施保克）　具有内吸保护和治疗作用，对子囊菌及半知菌引起的多种病害有特效，对炭疽病效果很好。主要用于采收后防腐保鲜。

使用方法：25%乳油兑水稀释500～1000倍喷雾。

7. 氟硅唑（福星）　广谱性的内吸保护治疗剂。可防治子囊菌、担子菌和部分半知菌引起的病害。主要用于防治白粉病、锈病和一些叶斑病。

使用方法：40%乳油加水稀释8000～10000倍。

8. 嘧霉胺（施佳乐）　具有内吸和很强的熏蒸作用，对病害有保护和治疗作用。用于防治灰霉病，对抗药性的灰霉病菌有很好的防效。

使用方法：40%悬浮剂800～1200倍。剂量过高，高温喷雾有药害。

9. 噻唑锌　具有内吸保护和治疗作用。对细菌性病害特效，对真菌性病害高效，能抑制螨类爆发。持效期14～15天。剂型有20%悬浮剂、40%悬浮剂、60%水分散颗粒剂。

使用方法：发病初期，用20%悬浮剂稀释500～800倍液喷雾。发病严重降低稀释倍数。间隔7天左右连续防治2～3次为宜。注意二次稀释喷雾。

10. 苯醚甲环唑（世高）　低毒、广谱内吸性杀菌剂，对子囊菌、担子菌、半知菌引起的多种病害有预防、治疗和铲除作用。剂型有3%悬浮种衣剂、10%水分散粒剂、25%乳油、37%水分散粒剂、10%可湿性粉剂。

使用方法：在发病初期用10%水分散颗粒剂一般稀释1000～2000倍喷雾。

11. 嘧菌酯（阿米西达 ）　阿米西达的杀菌谱非常广，对四大类致病真菌（子囊菌、担子菌、半知菌和卵菌纲）中的绝大部分病原菌均有效。使用浓度1500倍液，持效期15天。

使用方法：在病害发生初期施药，用250g/L悬浮液1000～1500倍液进行茎叶喷雾，每隔10天喷一次，每季作物最多使用3次。

（五）其他杀菌剂

1. 拌种双　是拌种灵和福美双复配剂，是一种广谱内吸保护治疗剂，是优良的种子处理剂。可防治立枯病、炭疽病、多种种传病害、枯萎病等。

使用方法：40%可湿性粉剂种子处理按种子量0.2%～0.5%拌种，可防治立枯病、炭疽病及其他种传病害。防治炭疽病用400～600倍液喷雾，防治枯萎病用400～600倍灌根。

2. 恶霉灵（土菌消、立枯灵）　是一种内吸杀菌剂，对腐霉菌、立枯病菌及镰刀菌等引起的土传病害有较好的效果。可用于拌种和土壤消毒处理，抑制孢子的萌发。

使用方法：30%水剂每平方米苗床用3～6ml加水喷洒在土壤中后播种，或500～1000倍液浇根。拌种每kg用70%可湿性粉剂4～7g和50%福美双可湿性粉剂4～8g混匀后拌种。

3. 溴菌腈（炭特灵）　是一种广谱防腐、防霉、灭藻杀菌剂。对植物炭疽病有较好防效。

使用方法：25%乳油稀释300～500倍于发病初期喷施，7～10天一次，共3～4次。

4. 络氨铜·锌（抗枯灵、抗枯宁）　能防治真菌和细菌病害，主要用于防治枯萎病。

使用方法：20%水剂稀释400～600倍灌根。每株200ml。

5. 乙磷铝（疫霜灵）　具有内吸双向传导的性能，对病害具有保护和治疗作用，以保护为主，残效期7～10天。对霜霉菌、疫霉菌引起的病害有特效，用于防治各种霜霉病和疫病。

使用方法：40%可湿性粉剂一般稀释200～300倍，于发病初期施药，隔7～10天一次，连喷2～3次。

6．杀毒矾（恶霜灵+代森锰锌）　具有内吸保护和治疗作用。主要用于防治霜霉病、疫病、白锈病、猝倒病等。

使用方法：64%可湿性粉剂稀释400～500倍，病初开始，隔10～12天一次，连用2～3次。不能与碱性农药混用。

7．克露（霜脲氰+代森锰锌）　广谱内吸保护治疗剂。主要用于防治霜霉病和疫病。

使用方法：72%可湿性粉剂稀释500～800倍。

8．普力克（霜霉威）　具内吸保护和治疗作用。对猝倒病、霜霉病和疫病有特效。

使用方法：72.2%水剂喷雾用600～1000倍液，浇根用400～600倍液。

9．菌毒清　具有一定的内吸作用，对菌丝生长和孢子萌发有很强的抑制作用，凝固蛋白质。用于防治苹果树腐烂病及病毒病。

使用方法：防治苹果树腐烂病，先刮除病斑，然后用毛刷涂上5%菌毒清水剂50～100倍液。防治病毒病用5%水剂200～300倍液喷雾。

10．植病灵　能促进植物生长发育，抗御病毒侵入和复制，可使病毒在寄主细胞中脱落或钝化。用于防治番茄病毒病和烟草花叶病毒等。

使用方法：1.5%乳剂每亩用80～125g加水喷雾。

11．病毒A　是一种广谱的病毒防治剂，抑制或破坏病毒核酸和脂蛋白的形成，阻止病毒的复制过程，对多种病毒病有较好的预防和治疗作用。

使用方法：20%可湿性粉剂每亩用150～250g，加水100kg于发病初期喷雾，7天1次，连续3～4次。

12．病毒必克　是通过钝化病毒活性，抑制病毒在植物体内的增殖，诱发和提高作物抗性而达到防治病害，提高产量的效果。有很强的内吸和传导活性，对于黄瓜花叶病毒、烟草花叶病毒和其他病毒引起的植物病毒病防效达70%以上。剂型有3.85%病毒必克乳剂和3.95%的可溶性粉剂。

使用方法：乳剂或可溶性粉剂兑水500～600倍喷雾，苗期用600倍和大田期用500倍病毒必克各喷雾2～3次，间隔5～7天1次。

（六）杀线虫剂

目前的杀线虫剂几乎都是土壤处理剂，多数兼有杀菌、杀土壤害虫的作用，有的还有除草作用。主要品种有：

1．棉隆　"棉隆"是一种高效、低毒、无残留的环保型广谱性综合土壤熏蒸消毒剂。施用于潮湿的土壤中时，在土壤中分解成有毒的异硫氰酸甲酯、甲醛和硫化氢等，迅速扩散至土壤颗粒间，有效地杀灭土壤中各种线虫、病原菌、地下害虫及萌发的杂草种子，从而达到清洁土壤的效果。适用于温室、大棚、塑料拱棚、花卉、烟草、中草药、生姜、山药等经济作物苗床土壤、重茬种植的土壤灭菌，及组培种苗等培养基质、盆景土壤、食用菌菇床土等熏蒸消毒。

使用方法：先进行旋耕整地，浇水保持土壤湿度，每亩用98%微粒剂20～30kg，沟施或撒施，旋耕机旋耕均匀，盖膜密封20天以上，揭开膜敞气15天后播种。

2．二氯异丙醚　具有熏蒸作用的低毒杀线虫剂，在土壤中挥发缓慢，对植物较安全，可在生育期使用。适用于果树、蔬菜、大田作物等防治根结线虫等。

使用方法：种植前7～20天处理土壤，一般用20～25g/m²，果树40～47g/m²，施药后随即翻土，也可在预定的种植沟内散布后覆土。种后处理，在植株两侧离根部15cm处开沟施药，沟深10～15cm，或在树干周围穴施，穴深15～20cm，穴距30cm。土壤温度低于10℃时不宜施用，以免影响药效。

3．威百亩　为低毒的熏蒸杀线虫剂。能有效杀灭根结线虫、杂草等有害生物，从而获得洁净及健康的土壤。适用于温室、大棚、塑料拱棚、花卉、烟草、中草药、生姜、山药等经济作物苗床土壤、重茬种植的土壤灭菌，及组培种苗等培养基质、盆景土壤、食用菌菇床土等熏蒸灭菌，能预防线虫、真菌、细菌、地下害虫等引起的各类病虫害并且兼防马塘、看麦娘、莎草等杂草。

使用方法：施药后保持土壤湿度在65%～75%之间，土壤温度10℃以上，施药均匀，药液在土壤中深度达15～20cm，施药后立即覆盖塑料薄膜并封闭严密，防止漏气，密闭10～15天以上。除膜待土壤残余药气散尽后，播种或种植。35%水剂每亩2.5～5.0kg。苗床处理按制剂用药量加水稀释50～75倍（视土壤湿度情况而定）稀释，均匀喷到苗床表面并让药液润透土层4cm。营养土处理将本剂加水稀释80倍备用，将营养土均匀平铺于薄膜或水泥地面5cm厚，将稀释后的药液均匀喷洒到营养土上，润透3cm以上，再覆5cm营养土、喷洒药液，依此重复成堆，最后用薄膜覆盖严密，防止药气挥发。保护地及露地采用沟施（加水稀释80倍）、注射施药或滴灌施药。滴灌施药需适当加大用药量及水量，以期达到施药要求。

4．丙线磷（益舒宝）　高毒触杀性杀线虫剂，同时对为害根、茎部的鳞翅目、鞘翅目、双翅目的幼虫和直翅目、膜翅目的一些害虫也有效。

使用方法：每亩10%丙线磷颗粒剂2～4kg（有效成分200～400g），播种前撒于播种沟或穴内，覆土后播种。果树等树木施在周围灌溉线以内的表层土壤中混匀，然后浇水。施药范围的大小可根据树冠大小及树根发达程度灵活掌握。用药量为每亩5～8kg。

5．硫线磷（克线丹）　高毒触杀性有机磷杀线虫剂。适于防治柑橘、菠萝、咖啡、香蕉、花生、甘蔗、蔬菜、烟草及麻类作物线虫。

使用方法：每亩用10%颗粒剂3～4kg，具体施药方法参考丙线磷。

6．克线磷（力满库）　具有触杀和内吸性的有机磷杀线虫剂，高毒。对作物安全，适用于香蕉、菠萝、棉花、花生、蔬菜、马铃薯、烟草、柑橘、葡萄、可可、咖啡、啤酒花、草坪、大豆、及观赏植物等，能有效防治多种植物线虫，对蓟马和粉虱等亦有控制效果。

使用方法：可在播种、种植时及作物生长期使用。药剂要施在根部附近的土壤中，可以沟施、穴施和撒施，也可以将药剂直接施入灌溉水中。10%的颗粒剂苗床处理每平方米1～1.5g，定植前或生长期一般每亩用3～4kg。

7．治线磷（虫线磷）　高毒，具有触杀和内吸作用。可用于防治多种作物的线虫以及土壤害虫。

使用方法：每亩用46%乳油1.5～3.0kg，兑水喷雾处理土壤。

8．米乐尔（异丙三唑硫磷）　是一种高效广谱、中等毒性的有机磷杀虫杀线虫剂，具有触杀、胃毒和内吸作用。主要用于防治线虫和地下害虫，对刺吸式、咀嚼式口器害虫和钻蛀性害虫也有较好的防治效果，适用于水稻、玉米、甘蔗、花生、牧草、草坪、果树、蔬菜及观赏植物等。

使用方法：在播种前撒施并充分与土壤混合，避免与种子直接接触。3%颗粒剂每亩用4～6kg。只能单独使用，不能与其他农药混合使用。

三、除草剂

用除草剂除草具有高效、省工省时的优点。化学除草将逐步取代人工除草。但使用不当很易使作物产生药害。必须了解每种除草剂的除草原理、性能、用药量、用药时间和施药方法才能安全有效地防除杂草。除草剂选择除草原理主要有①形态选择：利用栽培植物与杂草的形态差异而起选择除草作用。如二甲四氯。②生理、生化选择：利用栽培植物与杂草的代谢及所含酶的成分不同发挥选择作用。③位差选择：利用栽培植物与杂草根系深浅不同和地上部高低不同起选择除草作用。如某些土壤移动性差的除草剂处理土表，形成一个较浅的药土层，一般栽培植物播种相对较深，杂草种子多分布在表土层，园林苗木根系分布较深，杂草根系分布较浅，多在表土层，从而达到选择除草的目的，又如草甘膦在观赏树木间和苗圃中除草是利用苗木和杂草绿色部位的位置不同达到选择除草。④时差选择：利用栽培植物与杂草敏感生育期的不同或出苗时间的差别，使用残效期短、见效快的除草剂，先杀死杂草。⑤量差选择：利用栽培植物与杂草的耐药力的不同获得选择性。⑥采用适当的技术措施：如定向喷雾、遮盖措施、加安全剂、抗除草剂转基因作物。

（一）防除禾本科杂草为主的芽前土壤处理剂

1. 乙草胺（禾耐斯）　为酰胺类内吸选择性芽前土壤处理除草剂。可用于旱地阔叶作物田、园圃和成坪草坪生长期防除一年生禾本科杂草，对部分阔叶杂草也有效果。

使用方法：于旱地阔叶作物播后出苗前或移栽前，园圃、禾本科草坪生长期，杂草芽前作土壤喷雾或毒土法处理。50%乳油每亩用50～100ml。

2. 敌草胺（草萘胺、萘丙酰草胺、大惠利）　性能和施药方法同乙草胺。

使用方法：50%可湿性粉剂每亩用100～150g。

3. 异丙甲草胺（都尔）　性能和施药方法同乙草胺。

使用方法：72%乳油每亩用100～150ml。

4. 除草通（施田补、二甲戊乐灵）　二硝基苯胺类内吸选择性芽前除草剂。适用于旱地阔叶作物、园圃、成坪草坪防除一年生禾本科杂草和藜、鳢肠、龙葵、苋菜等一年生阔叶杂草。

使用方法：于旱地阔叶作物播后出苗前或移栽前，园圃、禾本科草坪生长期，杂草芽前作土壤喷雾或毒土法处理。33%乳油每亩用150～200ml。

5. 氟乐灵（又名茄科宁）　二硝基苯胺类内吸选择性芽前除草剂。易挥发和光解，在土壤中持效期可达3～6个月。可用于旱地阔叶作物、园圃和成坪草坪，防除一年生禾本科杂草，对苋、藜、扁蓄、蓼等部分阔叶杂草也有一定防除效果。

使用方法：于作物播前或移栽前、园圃或成坪草坪生长期杂草萌芽前，进行土壤处理，药后立即混土，混土深度2～5cm，或选择阴天或傍晚施药。48%乳油每亩用100～150ml。

（二）防除禾本科杂草茎叶处理剂

1. 盖草能（吡氟氯草灵）　均为内吸选择性茎叶处理除草剂。用于阔叶植物田防除一年生和多年生禾本科杂草。

使用方法：于禾本科杂草3～5叶期作叶面喷雾。12.5%乳油每亩用50～100ml。

2. 稳杀得（吡氟禾草灵）　性能和施药方法同盖草能。35%稳杀得乳油每亩，防除一年生禾草用50～75ml，防除多年生禾草用130～160ml。

3. 禾草克（喹禾灵）　性能和施药方法同盖草能。10%乳油防除一年生禾本科杂草每亩用40～75ml，防除多年生禾本科杂草每亩用75～125ml。

（三）防除阔叶杂草茎叶处理剂

1. 使它隆　（氯氟吡氧乙酸）　激素型内吸选择性茎叶处理除草剂。用于禾本科作物田及禾本科草坪防除一年生及多年生阔叶杂草，也用于非耕地，防除阔叶杂草。

使用方法：在草坪生长期，阔叶杂草2～5叶期，每亩用20%乳油67～133ml，兑水35～50kg对准杂草均匀雾喷。

2. 百草敌（麦草敌）　性能与使它隆相似。

使用方法：在草坪生长期，阔叶杂草2～4叶期，每亩用48%水剂20～33ml，兑水35～50kg，对准杂草均匀喷雾。

（四）防除莎草和阔叶杂草茎叶处理剂

1. 二甲四氯　选择性激素型内吸茎叶处理除草剂。用于禾本科作物及禾本科草坪防除一年生和多年生莎草科杂草和阔叶杂草。

使用方法：在草坪生长期，莎草和阔叶杂草2～5叶期，每亩用20%水剂250～300ml，兑水50～60kg，对准杂草均匀喷雾。

2. 苯达松（排草丹）　有机杂环类触杀型选择性茎叶处理除草剂。用于禾本科和豆科草坪及林木间防除阔叶杂草和莎草科杂草。对豆科杂草无效，对铁苋菜、黎、苋效果也较差。

使用方法：于草坪生长期，阔叶杂草3～4叶期，每亩用48%水剂100～150ml，兑水40～50kg，对准杂草茎叶均匀喷雾。

（五）防除禾、莎、阔三类杂草芽前土壤处理剂

恶草灵（农思它）　为触杀型和具有轻微内吸作用的选择性芽前土壤处理除草剂。在有光条件下才能充分发挥除草活性，对萌芽期的杂草药效最好。可用于园林苗圃和树木间防除一年生禾本科杂草、阔叶杂草和莎草科杂草。

使用方法：每亩用25%乳油75～100ml，于苗圃或树木间杂草萌芽前或拔除老草后，兑水50kg喷雾处理土壤。

（六）防除禾、莎、阔三类杂草茎叶处理剂

1. 百草枯（克芜踪、杀草快）　为触杀型灭生性除草剂。通过植物的叶片吸收，破坏叶绿素的合成和光合作用而死亡，作用迅速，施后2～3天内植株全部死亡。在土中会迅速失去活性。可用于林木苗圃、树木间定向喷雾和暖季型草坪休眠期、非耕地防除单、双子叶杂草。对多年生靠地下根茎生长的杂草，只能杀死地上部分，不能杀死地下部，防除

不彻底。

使用方法：每亩用20%水剂200～400ml，在杂草出苗后生长旺盛期作茎叶喷雾处理。施药时防止药液飘移到邻近绿色植物的叶片上。

2．草甘膦（农达、镇草宁）　有机磷类内吸灭生性除草剂。通过植物绿色茎叶吸收并传到植株的各个部位导致全株死亡，但杂草死亡慢，与土壤接触很快分解失去活性。用于非耕地、林木苗圃、树木间及暖季型草坪休眠期防除一年生和多年生各种杂草。

使用方法：防除一年生杂草，每亩用10%水剂500～1000ml，防除多年生杂草，每亩用1000～1500ml，兑水50kg，于杂草生长旺盛期至开花结果前作杂草叶面喷雾处理。施药时避免药液飘移到邻近绿色植物的叶片上。

附：禁用公告生效后我国禁限用农药情况

（公告时间：2011.6.15）

一、禁止生产、销售和使用的农药名单（33种）

六六六，滴滴涕，毒杀芬，二溴氯丙烷，杀虫脒，二溴乙烷，除草醚，艾氏剂，狄氏剂，汞制剂，砷、铅类，敌枯双，氟乙酰胺，甘氟，毒鼠强，氟乙酸钠，毒鼠硅，甲胺磷，甲基对硫磷，对硫磷，久效磷，磷胺，苯线磷，地虫硫磷，甲基硫环磷，磷化钙，磷化镁，磷化锌，硫线磷，蝇毒磷，治螟磷，特丁硫磷。

（注：1．苯线磷、地虫硫磷、甲基硫环磷、磷化钙、磷化镁、磷化锌、硫线磷、蝇毒磷、治螟磷、特丁硫磷等10种农药自2011年10月31日停止生产，2013年10月31日起停止销售和使用。）

2．2013年10月31日之前禁止苯线磷、地虫硫磷、甲基硫环磷、硫线磷、蝇毒磷、治螟磷、特丁硫磷在蔬菜、果树、茶叶、中草药材上使用。禁止特丁硫磷在甘蔗上使用。

二、在蔬菜、果树、茶叶、中草药材上不得使用和限制使用的农药名单（17种）

禁止甲拌磷、甲基异柳磷、内吸磷、克百威、涕灭威、灭线磷、硫环磷和氯唑磷在蔬菜、果树、茶叶和中草药材上使用。禁止氧乐果在甘蓝和柑橘树上使用；禁止三氯杀螨醇和氰戊菊酯在茶树上使用；禁止丁酰肼（比久）在花生上使用；禁止水胺硫磷在柑橘树上使用；禁止灭多威在柑橘树、苹果树、茶树和十字花科蔬菜上使用；禁止硫丹在苹果树和茶树上使用；禁止溴甲烷在草莓和黄瓜上使用；除卫生用、玉米等部分旱田种子包衣剂外，禁止氟虫腈在其他方面的使用。

按照《农药管理条例》规定，任何农药产品都不得超出农药登记批准的使用范围使用。

【复习思考题】

一、填空题

1. 杀菌剂按照作用方式可分为_____和_____。
2. 除草剂按除草的性质可分为_____和_____。
3. 石硫合剂是由_____按_____比例熬制而成。
4. 0.5%的倍量式波尔多液是由_____按_____比例配制而成。
5. 今要配制50%速克灵可湿性粉剂1000倍液50kg防治菌核病，则需50%速克灵可湿性粉剂_____g，兑水_____kg。

二、是非题

1. 涂抹法、注射法和打孔法防治害虫药剂应选择内吸性杀虫剂。 ……………（　　）
2. 有机磷杀虫剂与拟除虫菊酯类杀虫剂间一般不易使害虫产生交互抗药性。…（　　）
3. 乳油如发生沉淀、分层或混浊说明已失效。 ………………………………（　　）
4. 乳油与水剂的区别是前者加水呈乳浊液，后者加水呈溶液。 ……………（　　）
5. 低容量喷雾和超低容量喷雾具有工效高药效高的优点，较适用于防治叶面病虫害。 ………………………………………………………………………（　　）
6. 可湿性粉剂加水呈溶液，可作喷雾用。 ……………………………………（　　）
7. 农药的毒性大小常用致死中量表示，致死中量越大，则其毒性越高。 ……（　　）
8. 要配制75%百菌清可湿性粉剂600倍液15kg，防治月季黑斑病，需75%百菌清可湿性粉剂25g。 ………………………………………………………（　　）
9. 繁殖快、发生代数多及迁移力差的害虫易产生抗药性。 …………………（　　）
10. 克服有害生物抗药性的有效办法是提高用药量或浓度。 …………………（　　）
11. 甲胺磷和久效磷都是高毒的有机磷杀虫剂，我国已明令禁止使用。 ……（　　）
12. 辛硫磷、三唑磷、杀虫双、吡虫啉都是有机磷杀虫剂。 …………………（　　）
13. 溴氰菊酯、功夫菊酯、敌百虫、氧化乐果、丁硫克百威都是拟除虫菊酯类杀虫剂。 ……………………………………………………………………（　　）
14. 毒死蜱又名乐斯本是一种有机磷杀虫剂。 ………………………………（　　）
15. 有机磷杀虫剂遇碱易分解失效，不能与碱性农药或物质如波尔多液混用。…（　　）
16. 好年冬、抑太保、扑虱灵、灭幼脲3号都属于灭幼脲类杀虫剂。 ………（　　）
17. 功夫菊酯、杀灭菊酯的作用机制是抑制乙酰胆碱酯酶。 …………………（　　）
18. 灭幼脲类杀虫剂的作用机制是抑制昆虫表皮几丁质合成，使害虫不能正常蜕皮死亡。施药时间宜掌握在幼虫1、2龄期进行。 ……………………（　　）
19. 拟除虫菊酯类杀虫剂作用方式多样，具有强烈的触杀、胃毒和内吸作用，有的还有驱避、拒食和杀卵作用。 ……………………………………（　　）
20. 拟除虫菊酯类杀虫剂易使害虫产生抗药性，而且容易产生交互抗药性。……（　　）
21. 乙酰甲胺磷、氧化乐果、杀虫双、吡虫啉、好年冬、唑蚜威都是内吸性杀虫剂。 ……………………………………………………………………（　　）

22. 甲胺磷、久效磷、甲基对硫磷、对硫磷、磷胺因高毒我国已禁止使用。……（　　）

23. 氧化乐果、速扑杀、呋喃丹均为高毒农药，禁止在果、蔬上使用。………（　　）

24. 扑虱灵对叶蝉、飞虱、粉虱及蚧类防治效果好，而对蚜虫无效。…………（　　）

25. 杀扑磷是一种高毒农药，对介壳虫有特效。………………………………（　　）

26. 大生和喷克就是代森锰锌。………………………………………………（　　）

27. 代森锰锌、百菌清均是广谱性的保护剂。………………………………（　　）

28. 施佳乐用于防治灰霉病。…………………………………………………（　　）

29. 施保克具有内吸保护和治疗作用，对子囊菌及半知菌引起的多种病害有特效。
………………………………………………………………………………（　　）

30. 甲霜灵和霜霉威对猝倒病、霜霉病和疫病有特效。……………………（　　）

31. 速克灵、福星和多菌灵都是广谱性的内吸、保护治疗剂。……………（　　）

32. 可杀得是一种广谱非内吸保护性杀菌剂，托布津是一种广谱内吸性杀菌剂，
两者混用可防止病原菌产生抗药性，提高防治效果。……………………（　　）

33. 波尔多液是广谱性杀菌剂，乙酰甲胺磷是广谱性杀虫剂，两者混用可兼治
多种病虫害。………………………………………………………………（　　）

34. 波尔多液是广谱性保护性杀菌剂，但对桃、李、梅、杏等蔷薇科植物易产生
药害，不宜使用。…………………………………………………………（　　）

35. 在使用土壤处理除草剂时，一般土质黏重的应适当提高用药量，而砂性土壤
则应适当减少用药量。……………………………………………………（　　）

36. 敌草胺是一种芽前土壤处理剂，主要用于防除一年生禾本科杂草，对已出苗
的杂草无效。………………………………………………………………（　　）

37. 盖草能是一种茎叶处理除草剂，可用于花卉地防除禾本科杂草。……（　　）

38. 使它隆是一种茎叶处理除草剂，可用于禾本科作物田及禾本科草坪防除多
种阔叶杂草。………………………………………………………………（　　）

39. 草甘膦是一种灭生性的茎叶处理除草剂，通过植物绿色部分吸收，可用于树木
下和非耕地防除各类杂草。………………………………………………（　　）

40. 秀百宫是一种草坪专用除草剂，可用于暖季型禾本科草坪防除多种一年生
禾草、阔叶杂草和莎草科杂草，但不能用于冷季型禾本科草坪。………（　　）

三、单项选择题（选择1个正确的答案，把其序号填在空格内）

1. 奥绿1号是一种_____。
   A、生物杀菌剂　　　　B、细菌杀虫剂　　　C、病毒杀虫剂　　　D、除草剂

2. 氨基甲酸酯类杀虫剂的作用机制是_____。
   A、抑制乙酰胆碱酯酶　　　　　　　　B、抑制乙酰胆碱受体
   C、抑制神经轴突的神经传导　　　　　D、抑制昆虫表皮几丁质的合成

3. 有机磷杀虫剂的作用机制是_____。
   A、抑制乙酰胆碱受体　　　　　　　　B、抑制乙酰胆碱酯酶

C、抑制神经轴突的神经传导　　　　　D、抑制昆虫表皮几丁质的合成

4．安打（茚虫威）属于＿＿＿＿＿＿＿＿杀虫剂。
　　A、拟除虫菊酯类　　B、有机磷　　　C、氨基甲酸酯类　　D、沙蚕毒类

5．拟除虫菊酯类杀虫剂的作用机制是＿＿＿＿＿＿＿＿。
　　A、抑制乙酰胆碱酯酶　　　　　　　B、抑制乙酰胆碱受体
　　C、抑制神经轴突的神经传导　　　　D、抑制昆虫表皮几丁质的合成

6．吡虫啉的作用机制是＿＿＿＿＿＿＿＿。
　　A、抑制乙酰胆碱酯酶　　　　　　　B、抑制神经轴突的神经传导
　　C、抑制乙酰胆碱受体　　　　　　　D、抑制昆虫表皮几丁质的合成

7．拟除虫菊酯类杀虫剂具有很强的＿＿＿＿＿＿＿＿。
　　A、内吸作用　　　　B、熏蒸作用　　　C、触杀和胃毒作用　D、治疗作用

8．沙蚕毒类杀虫剂的作用机制是＿＿＿＿＿＿＿＿。
　　A、抑制乙酰胆碱酯酶　　　　　　　B、抑制乙酰胆碱受体
　　C、抑制神经轴突的神经传导　　　　D、抑制昆虫表皮几丁质的合成

9．乐斯本是＿＿＿＿＿＿＿＿杀虫剂。
　　A、氨基甲酸酯类　　B、拟除菊酯类　　C、有机磷　　　　　D、沙蚕毒类

10．杀虫双属于＿＿＿＿＿＿＿＿杀虫剂。
　　A、氨基甲酸酯类　　B、有机磷　　　C、拟除虫菊酯类　　D、沙蚕毒类

11．代森锰锌是一种＿＿＿＿＿＿＿＿。
　　A、治疗剂　　　　　B、保护剂　　　C、内吸性保护剂　　D、非内吸性治疗剂

12．百草枯（克无踪）是一种＿＿＿＿＿＿＿＿。
　　A、灭生性内吸型茎叶处理剂　　　　B、灭生性触杀型茎叶处理剂
　　C、选择性内吸型茎叶处理剂　　　　D、灭生性的土壤处理剂

13．使它隆是一种＿＿＿＿＿＿＿＿。
　　A、茎叶处理剂，用于防除禾草　　　B、茎叶处理剂，用于防除阔叶草
　　C、土壤处理剂，用于防除禾草和莎草　D、灭生性的茎叶处理剂

四、名词解释

1．胃毒剂　　　　　　7．治疗剂　　　　　　13．可湿性粉剂
2．熏蒸剂　　　　　　8．灭生性除草剂　　　14．乳油
3．拒食剂　　　　　　9．选择性除草剂　　　15．交互抗药性
4．触杀剂　　　　　　10．茎叶处理除草剂　　16．负交互抗药性
5．内吸剂　　　　　　11．土壤处理除草剂　　17．LD_{50}
6．保护剂　　　　　　12．农药剂型　　　　　18．安全间隔期

五、问答题

1．防止和克服有害生物产生抗药性的措施有哪些？

2．不合理使用化学农药会产生哪些不良后果？谈谈如何合理安全地使用好化学农药。

3．要配制1%等量式波尔多液306kg防治观赏植物病害，如何配制？

4．如何配制130kg的石硫合剂？

实训一　常用农药理化性状检测和无机农药配制及质量检查

一、目的要求

1．了解农药常见剂型的特性和简易鉴别法。

2．掌握波尔多液、石硫合剂的配制和鉴定优劣的方法。

二、材料和仪器

常见农药及剂型：多菌灵可湿性粉剂、甲基托布津可湿性粉剂、代森锰锌可湿性粉剂、瑞毒霉可湿性粉剂、吡虫啉可湿性粉剂、抑太保乳油、杀灭菊酯乳油、乐斯本乳油、氧化乐果乳油、杀虫双水剂、呋喃丹颗粒剂、磷化铝片剂、一熏灵烟剂、晶体敌百虫、可杀得干悬浮剂、硫酸铜、硫磺粉、生石灰（块灰）、风化已久的石灰、合成洗衣粉。

酒精灯、试管、天平、量筒（10、100、200、500ml）、烧杯、玻棒、木棒、小铁刀（或无锈小铁钉）、铁锅、波美比重计、试管架、小勺匙、pH广泛试纸、火柴、燃料等。

三、内容及方法步骤

（一）常见农药理化性状辨识：正确辨识所给农药的剂型、物态、气味、颜色及在水中的反应等。

（二）粉剂及可湿性粉剂的鉴别

根据悬浮液沉淀快慢，鉴别粉剂、可湿性粉剂。

取两只试管，分别装入少量试样，并倒入等量清水（约半管）分别用两手的拇指扣住试管口，以同样的速度上下摇动几次，静止后观察，如试管内混浊而缓慢沉淀者为可湿性粉剂，很快沉淀者为粉剂。把结果填入表一。

（三）乳油与水剂的鉴别

取两支试管，内盛5ml左右的水，将待测药样滴2-3滴于试管中，如呈乳白色的为乳油，不变色的为水剂。但敌敌畏乳油不易乳化，在实际工作中要注意。把结果填入表一。

（四）可湿性粉剂的质量检查

分别取5g多菌灵和吡虫啉可湿性粉剂样品，倒入盛有200ml水的量筒中（先用少量水调成浆糊状后，再加足200ml水），轻轻搅动后静置30分钟，观察药液的悬浮情况。沉淀越少，药粉质量越好，如有3/4的粉粒沉淀，表示可湿性粉剂质量不好，比较两种可湿性粉剂的质量。再在上述两种悬浮液中加入0.2～0.5g的洗衣粉，充分搅拌，静置30分钟后，观察比较悬浮情况是否有所改善。把结果记入表二。

（五）乳油质量检查

将乳油药样2～3滴滴入盛有5ml左右清水的试管中，观察有无漂浮或沉积的油层出现，如有大量油层出现，即表示乳油已破坏或不稳定，沉积油层愈少表示乳油愈稳定。轻轻振荡玻管观察油水融合情况，药液呈乳状而无浮油时，表示乳油良好，把结果记入表三。

（六）波尔多液配制及质量检测及喷施

以小组为单位，用两液同注法配制1%的等量式波尔多液2000ml（按用水量计）。

（1）计算并称取硫酸铜和生石灰。

（2）用水把生石灰化解。

（3）量取1000ml的水倒入盛有硫酸铜的容器中，把硫酸铜溶解，制成硫酸铜液。

（4）量取1000ml的水倒入盛有已化开的生石灰容器中配成石灰乳。

（5）把硫酸铜液和石灰乳同时注入另一容器中，边倒边搅拌即成。

（6）检查所配波尔多液的质量：观察颜色；用广泛试纸测定pH值；取配好的波尔多液100ml倒入量筒中，放入无锈铁钉，半小时后观察有无镀铜现象及沉降率。结果记入表四。

（7）将配好的波尔多液装入喷雾器喷施到要防病的植物上。

（七）石硫合剂的配制和浓度测定

原料配比及要求：

硫磺粉2份、石灰1份、水10份（每组按500ml水配制）。

硫磺纯度要高、粉要细；石灰要求色白、质轻成块的新鲜生石灰，含杂质多，已风化的消石灰不能用。

熬制方法：

先将石灰用少量水调成糊状，慢慢加入硫磺，充分混匀，放入锅里然后加足水量，标定水面高度，加温熬制（注意用旺火），边煮边搅，并随时用开水补足蒸发掉的水分。约熬煮45～60分钟，药液由淡黄色变成暗红色时即可停火，冷却后用粗纱布过滤，即成澄清的红棕色原液。

质量测定：把澄清的原液倒入500ml量筒中用波美比重计测定浓度。注意药液深度应大于比重计长度，使比重计漂浮在药液中，观察比重计刻度时，应以下面一层药液面所表明的度数为准。并观察颜色，气味及测定酸碱度。把结果填入表五。

（八）农药稀释配制

用50%多菌灵可湿性粉制配制500倍液1000ml（计算出用药量、加水量，并写出配制步骤）。

稀释时，先在药剂中加入少量的水调成糊状，再慢慢加足水搅拌均匀。

把配好的药液倒入喷雾器喷施到要防治的植物上。

表一　粉剂、可湿性粉剂、水剂及乳油的区别

药剂名称	剂型	物态	颜色	在水中反应

表二　可湿性粉剂质量检查结果

药剂名称	半小时后粉粒沉降率（％）	加洗衣粉后粉粒沉降率（％）	结果分析

表三　乳油质量检查结果

药剂名称	滴入清水中时的反应	振荡后的反应	结果分析

表四　波尔多液质量测定

配法	颜色	pH值	与铁钉反应	半小时后悬浮率（％）
两液同注法				

注：悬浮率=（悬浮液柱的容量/波尔多液柱的总容量）×100%

表五　石硫合剂质量测定

颜色	气味	酸碱度	度数（波美度）

四、作业

1．填写实训报告。

2．根据你所熬制的石硫合剂的原液浓度，若要稀释为波美度0.2度防治棉红蜘蛛100亩，每亩用药液50kg，问需原液多少？

学习情境 ③

花卉主要害虫及其防治

【学习目标】

通过本学习情境的学习，能识别花卉常见食叶害虫、刺吸害虫、钻蛀害虫及地下害虫的形态或为害状；知道当地花卉主要食叶害虫、刺吸害虫、钻蛀害虫及地下害虫的发生规律（年生活史）；掌握当地花卉主要食叶害虫、刺吸害虫、钻蛀害虫及地下害虫的综合防治方法，具有根据害虫发生的实际情况，因地制宜地采取安全有效的防治措施，开具药方和开展防治的能力。

花卉害虫种类很多，包括节肢动物门昆虫纲、蛛形纲蜱螨目、软体动物门腹足纲动物等，其中绝大多数属于昆虫。昆虫种类繁多，已知昆虫种类占动物界种类数量的四分之三以上。昆虫成虫形态的主要特征是：身体分为头、胸、腹3个体段；头部有口器、触角1对和复眼1对；胸部由前胸、中胸和后胸3节组成，每个胸节上生有1对胸足，一般在中、后胸上各生1对翅；腹部一般由9～11节组成，1～8腹节两侧各有1对气门，末端有外生殖器。

为害植物的昆虫口器类型主要有咀嚼式和刺吸式两种。咀嚼式口器由上唇、1对上颚、1对下颚、下唇和舌组成。下颚上生有下颚须，下唇上生有下唇须（图3-1）。刺吸式

图3-1　咀嚼式口器构造
1.咀嚼式口器外形　2.上唇　3.上颚　4.下颚　5.下唇　6.舌

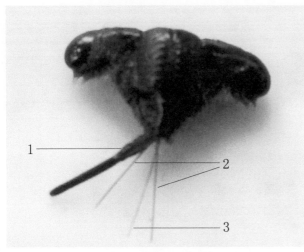

图3-2　刺吸式口器构造

1.喙　2.上颚口针　3.下颚口针

口器的构造特点是上唇短小呈三角形小片，下唇延长成喙，上下颚的一部分特化成细长的口针，藏于喙内（图3-2）。

昆虫的触角由柄节、梗节和鞭节（分数个亚节）组成。鞭节的节数和形状变化很大。常见的触角类型有丝状、刚毛状、锯齿状、球杆状、羽毛状、具芒状、鳃叶状、膝状等（图3-3）。

昆虫的翅多呈三角形，由"三边"——前缘、外缘、后缘和"三角"——肩角、顶角、臀角组成。翅上有许多翅脉。常见翅的类

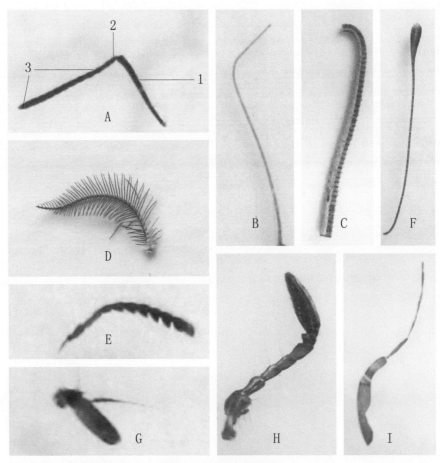

图3-3　触角构造及类型

A.膝状触角（1.柄节　2.梗节　3.鞭节）　B.丝状触角　C.栉齿状触角　D.羽毛状触角

E.锯齿状触角　F.球杆状触角　G.具芒状触角　H.鳃叶状触角　I.刚毛状触角

型有膜翅、鳞翅、革翅（覆翅）、鞘翅、半鞘翅、缨翅、平衡棒等（图3-4）。

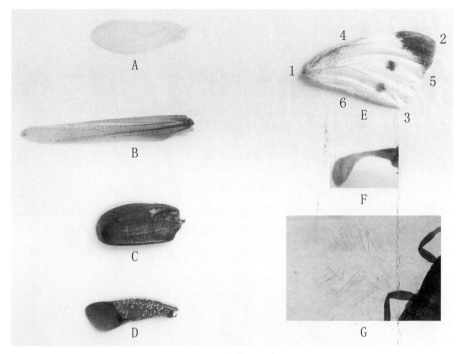

图3-4　翅的构造及类型
A.膜翅　B.革翅　C.鞘翅　D.半鞘翅　E.鳞翅（1.肩角　2.顶角　3.臀角　4.前缘
5.外缘　6.后缘）　F.平衡棒　G.缨翅

昆虫的胸足由基节、转节、腿节、胫节、跗节和前跗节（爪）组成。跗节分为2～5个亚节。常见胸足的类型有步行足、跳跃足、开掘足、捕捉足、携粉足等（图3-5）。

昆虫在胚后发育过程中，必须经过外部形态和内部结构等一系列的变化，才能从幼虫体状态转变为成虫体状态，这种变化称为昆虫变态。昆虫变态主要有不完全变态和完全变态两类。不完全变态昆虫一生经过卵、若虫、成虫3个虫期。若虫与成虫在外部形态和生活习性上相似，仅个体较小，翅及生殖器官未发育完全。完全变态昆虫一生

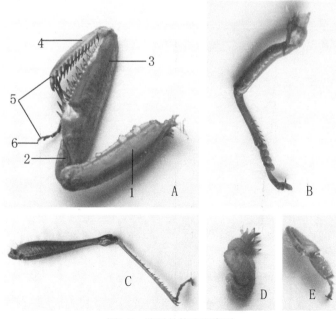

图3-5　胸足的构造和类型
A.捕捉足（1.基节　2.转节　3.腿节　4.胫节　5.跗节
6.前跗节）　B.步行足　C.跳跃足　D.开掘足　E.携粉足

经过卵、幼虫、蛹、成虫4个虫期。幼虫与成虫在外部形态和生活习性上完全不同。幼虫常见的类型有多足型、寡足型、无足型等（图3-6）。蛹的类型有离蛹、被蛹和围蛹（图3-7）。

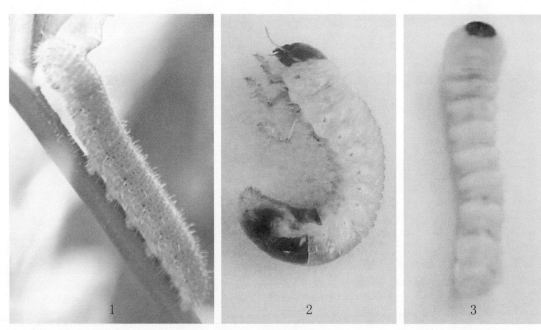

图3-6　昆虫幼虫类型

1.多足型　2.寡足型　3.无足型

图3-7　昆虫蛹的类型

1.被蛹　2.围蛹　3.离蛹

幼虫或若虫破卵壳而出的过程称为孵化。末龄幼虫停止取食和活动，虫体缩短，蜕去最后一次皮变为蛹的过程称化蛹。不完全变态的若虫或完全变态的蛹蜕去最后一次皮变成成虫的过程称羽化。

昆虫从卵或幼体离开母体到成虫性成熟为止的个体发育史称世代。有些昆虫1年发生1代，有些几年发生1代，多数1年发生多代。划分世代一般以卵为起点，一年中发生的代数依次称第一代、第二代……

昆虫从当年的越冬虫态开始活动起到第二年越冬结束止的发育经过称年生活史。其研究内容包括：越冬越夏场所、虫态、年发生代数、发生期、各世代和各虫态历期、生活习性等。所以了解害虫的年生活史，就能掌握其发生规律和薄弱环节，从而采取相应有效的防治措施。

昆虫分为33个目，其中与农业和林业关系密切的主要有以下10个目。

1. 同翅目（Homoptera）　刺吸式口器，由头后方生出，喙3节。触角刚毛状或丝状，前翅基端部同质（膜质或革质），停时叠于背呈屋脊状。不完全变态。植食性。如叶蝉、蚜虫、飞虱。

2. 半翅目（Hemiptera）　统称为蝽类。刺吸式口器，由头前方生出，喙一般4节，前翅半鞘翅，平覆于背。体壁坚硬扁平，前胸背板发达，中胸小盾片三角形。不完全变态。多植食性，少数捕食性。

3. 缨翅目（Thysanoptera）　统称蓟马。小型，黑褐色或黄色。翅为缨翅，口器锉吸式。过渐变态，多植食性。

4. 直翅目（Orthoptera）　咀嚼式口器，触角丝状，前胸发达，前翅为覆翅，后足跳跃足或前足开掘足，具听器。不完全变态，植食性。

5. 等翅目（Isoptera）　咀嚼式口器，触角念珠状，翅狭长，前后翅大小形状翅脉皆相似。如白蚁。

6. 鳞翅目（Lepidoptera）　虹吸式口器或退化，成虫体密被鳞毛，翅为鳞翅。全变态。幼虫咀嚼式口器，多足型，有腹足2～5对，有趾钩。被蛹。多为植食性，主要为害期是幼虫，成虫一般不为害。包括蛾类或蝶类。

7. 鞘翅目（Coleoptera）　统称甲虫类。体壁坚硬，前翅鞘翅，咀嚼式口器。无尾铗。多为完全变态。幼虫寡足型或无足型。蛹为离蛹。肉食捕食性、植食性、粪食性、腐食性。

8. 双翅目（Diptera）　成虫有1对膜质前翅，后翅退化成平衡棒，口器舐吸式或刺吸式。跗节5节。完全变态，幼虫无足型，蛹为围蛹或离蛹。包括蚊、蝇、虻三类。

9. 膜翅目（Hymenoptera）　咀嚼式或咀吸式口器；复眼发达，有3个单眼；触角丝状、膝状或锤状；腹部第一节并入胸部成并胸腹节。胸腹间常细缩成腹柄；前后翅均为膜翅，雌虫有发达的产卵器，呈锯状、刺状，有的变为螫刺。全变态，幼虫常无足，食叶性幼虫为多足型，有腹足6～8对。蛹为离蛹。多为寄生或捕食性，为益虫，少数植食性。如蜂类、蚁类。

10. 脉翅目（Neuroptera）　咀嚼式口器，翅膜质，翅脉网状，边缘多分叉。完全变态，均为肉食捕食性。如草蛉等。

为害植物的害虫按为害的方式和为害的部位，可分为食叶害虫、刺吸害虫、钻蛀害虫、地下害虫。

子情境1 食叶害虫

食叶害虫是指为害叶片为主的一类害虫。花卉上的食叶害虫主要包括鳞翅目刺蛾、袋蛾、夜蛾、螟蛾、尺蛾、毒蛾、灯蛾、天蛾、凤蝶、蛱蝶、粉蝶等；鞘翅目二十八星瓢虫、叶甲等；膜翅目叶蜂、直翅目蝗虫等。一般来说，食叶害虫具有以下特点：①口器为咀嚼式，咬食植物叶片，形成缺刻、孔洞、留下表皮或叶脉，严重时全叶吃光，还可为害嫩芽和花。危害植物健康、影响植物的光合作用和花卉的观赏价值，并为天牛、小蠹虫等次期性钻蛀害虫侵入，创造条件，因而食叶害虫也称为初期性害虫；②大多数以幼虫为害，鞘翅目以及直翅目的成虫也可以为害；③大多食叶害虫是营裸露生活的，少数会卷叶，潜叶为害，因而受环境因子影响比较大，虫口数量、密度变化显著；④食叶害虫多为繁殖能力非常强的昆虫，因而具有大爆发的潜力；⑤一般食叶害虫都具有快速和主动迁移的能力，因而能迅速扩大为害范围；⑥多数食叶害虫都具有阶段性和周期性，容易找到其发生规律，以便加以利用和防治。

一、刺蛾

刺蛾属于鳞翅目（Lepidoptera）刺蛾科（Eucleidae），刺蛾的成虫体形中等大小，体短而粗大，身体表面覆盖的毛有黄色、褐色和绿色之分，常常有红色或者暗色简单的斑纹。雌成虫触角线状，雄成虫触角双栉状。喙退化，翅较阔。卵扁平，椭圆形，刻纹多为多角形。幼虫短而肥，蛞蝓形，头小，缩入前胸，胸足小而退化，体表上有枝刺。枝刺有毒。蛹外有石灰质的茧。

刺蛾种类很多，本地常见的刺蛾种类有四种：黄刺蛾（*Cnidocampa flavescens* Walker）、褐边绿刺蛾（*Latoia consocia* Walker）、褐刺蛾（*Setora porstornata* Hampson）、扁刺蛾（*Thosea sinensis* Walker）。

（一）黄刺蛾

【为害】 主要为害刺槐、紫荆、海棠、紫薇、月季、梅花、三角枫等植物，初期只啃食叶肉，4龄之后，食量暴增，能将叶片完全吃光。

【识别特征】 雌成虫体长约15～17mm，翅展35～39mm；雄成虫体长13～15mm，翅展30～32mm。体黄色至褐色前翅内半部黄色，外半部褐色，有2条暗褐色斜线，呈倒"V"字形。卵长1.4～1.5mm，宽约0.9mm，淡黄色，扁椭圆形，卵上有龟状刻纹。老熟幼虫长约19～25mm，体粗大。黄绿色，背面有一紫褐色哑铃形大斑。胸部背面和腹部第8节背面枝刺最长。蛹长约13～15mm，黄褐色，椭圆形。蛹茧椭圆形，质地坚硬，茧壳外面有灰白色不规则纵条纹，形似雀卵（图3-1）。

图3-1 黄刺蛾
1.成虫 2.幼虫 3.蛹茧

（二）褐边绿刺蛾

褐边绿刺蛾又名青刺蛾、褐缘绿刺蛾、四点刺蛾、曲纹绿刺蛾、洋辣子。

【为害】 主要为害悬铃木、大叶黄杨、紫荆、樱花、白玉兰、广玉兰、丁香、月季、海棠、桂花、牡丹、芍药、珊瑚等植物。

【识别特征】 成虫体长约15mm，翅展约36mm。触角褐色，雌虫触角丝状，雄虫触角栉齿状。头、胸背绿色，前翅绿色，基部棕色，外缘有一黄色宽带。卵约长1.5mm，扁椭圆形，初时为乳白色，随着时间增长，逐渐转变为黄绿色或淡黄色，几粒卵排成块状。老熟幼虫长约25mm，初孵时乳白色，后转变为绿色。腹部末端有4个毛瘤，上生黑色刚毛丛，呈球状。蛹长约15mm，椭圆形，肥大，黄褐色。包被在椭圆形棕色或暗褐色羊粪状茧壳内（图3-2）。

图3-2 褐边绿刺蛾
1.成虫 2.幼虫 3.蛹茧

（三）褐刺蛾

【为害】　主要为害悬铃木、梅花、桂花、樱花、紫薇、木槿等。

【识别特征】　成虫体长15～18mm，翅展31～39mm，体褐色至深褐色，前翅前缘离翅基2/3处分别向臀角和后缘1/3处各引出一条深色弧线，停息时在左右前翅上形成一扇形斑纹。卵扁椭圆形，黄色，半透明。老熟幼虫体长约25mm，体黄绿色，背线蓝色，亚背线有黄色或红色之分，分别为黄型幼虫或红型，枝刺也对应为黄色或红色，中、后胸、腹部第1、5、8、9节背面枝刺最长。蛹茧灰褐色，椭圆形（图3-3）。

图3-3　褐刺蛾
1.成虫　2.幼虫（2-A.黄型　2-B.红型）　3.蛹茧

（四）扁刺蛾

扁刺蛾又称洋黑点刺蛾。

【为害】　食性杂，为害悬铃木、柳、杨、大叶黄杨、樱花、牡丹、芍药等林木花卉。

【识别特征】　成虫体长13～18mm，翅展28～35mm。雌蛾触角丝状，雄蛾触角羽毛状；体、翅灰褐色，前翅有一条明显的暗褐色外横线，内侧有一灰白色宽带。卵扁平光滑，椭圆形，长约1.1mm，初期呈淡黄绿色，孵化前转变为灰褐色。老熟幼虫体长21～26mm，宽16mm，体扁平、椭圆形，背部稍隆起，似龟背。绿色或黄绿色，背线白色。侧面枝刺发达。第4节背面两侧各具一个小红点。蛹长10～15mm，前端肥钝，后端略尖削，近似椭圆形。初期乳白色，快羽化时变为黄褐色。蛹被包裹于椭圆形，暗褐色形似鸟蛋的茧中（图3-4）。

图3-4　扁刺蛾
1.成虫　2.幼虫

表3-1　四种刺蛾年生活史比较

类别		黄刺蛾	褐边绿刺蛾	褐刺蛾	扁刺蛾
发生代数		2代/年	2代/年	2代/年	2代/年
越冬		老熟幼虫在枝干上结茧越冬	同褐刺蛾	老熟幼虫在土中结茧越冬	同褐刺蛾
发生期	越冬代成虫	6月上中旬	5月下旬—6月	6月上旬	6月中旬
	第一代幼虫	6月下旬—7月中旬	6月—7月	6月中旬—7月中旬	6月中旬—7月中旬
	第一代成虫	8月上中旬	8月上中旬	8月上旬	8月上中旬
	第二代幼虫	8月下旬—9月中旬	8月中旬—9月	8月中旬—9月下旬	8月中旬—9月下旬

一般成虫白天隐蔽在枝叶间，草丛或者其他遮蔽物之下，夜间出来活动，具有程度不一的趋光性。除褐边绿刺蛾产卵形成卵块之外，其余的多以散产的形式将卵产于叶片背面，幼虫孵化出来之后，先以卵壳为食，然后取食叶下表皮和叶肉，剩下上表皮，形成圆形透明小班，隔1日后小班连接成块。4龄时取食叶片形成孔洞；5、6龄幼虫能将全叶吃光仅留叶脉。低龄幼虫具有群集性。老熟幼虫除黄刺蛾化蛹做茧于树干上，其余3种刺蛾都于土壤缝隙中作茧化蛹。也偶见绿刺蛾于枝干、叶片上结茧化蛹。

（五）防治措施

1. 灭除蛹茧　根据不同刺蛾的越冬习性与结茧部位，在越冬代和第一代化蛹期，结合修剪，松土等措施，铲除树干及土壤中的虫茧。另外初孵幼虫具有群集性，可在其散开为害前，摘除带初孵幼虫的叶片，也可防治幼虫进一步扩大为害。

2. 灯光诱杀　刺蛾类害虫的成虫有不同程度的趋光性，因而在成虫羽化的高峰期，可安置黑光灯诱杀成虫。

3. 生物防治　喷施青虫菌、Bt乳剂100亿孢子/g（ml）200～500倍液。还可将铲除的虫茧堆集于网袋中，待寄生蜂飞出。

4. 药剂防治　一般掌握在幼虫2～3龄时进行。常用的有效药剂有90%晶体敌百虫1000倍液、50%辛硫磷乳油1000～1500倍液、48%乐斯本乳油1000～1500倍液、20%杀灭菊酯乳油2000～3000倍液、2.5%溴氰菊酯乳油3000倍液、25%灭幼脲悬浮剂1500～2000倍液、5%抑太保乳油1000～2000倍液、1%甲维盐乳油2000～3000倍液等。

二、袋蛾

袋蛾属鳞翅目（Lepidoptera）袋蛾科（又称蓑蛾科）（Psychidae）。雌雄异型，体黑褐色，雄虫有翅，前翅有几处透明斑。有复眼，触角羽状，喙退化。雌虫无翅、无足，肥胖如蛆，终身居住在幼虫所形成的巢内。幼虫肥胖，胸足发达，腹足有单序趾钩，形成椭圆形圈。幼虫能吐丝，并与枝叶结成袋形的巢，背着行走。

本省常见种类有6～7种，其中以大袋蛾（*Cryptothelea formosicola* Strand）、小袋蛾（*Pachytelia unicolor* Hübner）、茶袋蛾（*Clania minuscule* Bulter）、桉袋蛾（*Acanthopsyche subferaloa* Hampson）发生较为普遍。袋蛾类害虫食性杂，寄主广，多种观赏植物均可受其为害，它们以幼虫吐丝结枝叶为护囊，在囊内食叶为害植物，将叶片吃成缺刻或者吃光。

【识别特征】

见表3-2。

表3-2　几种袋蛾的主要识别特征

种类	护囊	雄成虫
大袋蛾	护囊长50～70mm、宽15～20mm，表面粘附叶屑和小枝条，不整齐（图3-5）。	雄成虫翅展26～33mm，体色黑褐，前后翅均有褐色鳞片，前翅有4～5个透明斑。
茶袋蛾	护囊长约30mm、宽<15mm，表面粘附纵向平行排列的小枝梗（图3-6）。	雄成虫翅展23～26mm，体暗褐色，前翅有2个长方形透明斑。
桉袋蛾	护囊长8～20mm、不宽于5mm，囊口有长丝悬挂于枝叶上（图3-7）。	雄成虫翅展12～18mm，头和腹部黑棕色披白毛，前后翅浅黑棕色，后翅反面浅蓝白色，有光泽。

图3-5 大袋蛾

1.成虫 2.护囊及为害状 3.护囊内的幼虫

图3-6 茶袋蛾

1.成虫 2.护囊

图3-7 桉袋蛾(护囊)

【年生活史】

见表3-3。

表3-3 三种袋蛾的生活史比较

种类	大袋蛾	茶袋蛾	桉袋蛾
发生代数	1代/年	1代/年	2代/年
越冬	均以幼虫在护囊内悬挂于枝条上越冬		
发生期	5月上中旬羽化产卵护囊内，5月下旬孵化结护囊为害，7—9月为害最重，至11月封囊越冬。	5月中旬羽化产卵，6月上旬幼虫开始为害，6月上旬—7月上旬为害严重，10月中下旬进入越冬。	本省发生期不清楚，各代主要为害期大约在6—7月和9—10月间，11月进入越冬。
主要习性	雌虫羽化后留在护囊内交配，并产卵于囊内，幼虫孵化后先在囊内取食卵壳，然后吐丝缀叶或小枝梗结护囊，藏于囊内开始取食为害。取食、迁移均负囊活动。雄成虫有趋光性。		

【防治措施】

1. 摘除越冬护囊 冬春季节，人工摘除越冬护囊，消灭越冬幼虫，也可以结合平时的田间管理，顺手摘除护囊，减少虫害发生。

2. 诱杀 用黑光灯或性激素诱杀雄成虫。

3. 生物防治 注意保护天敌，摘除的虫囊用手捏碎或集中在纱网内，以保护寄生蜂和寄生蝇（寄生率在50%以上），尽量少用或不用广谱性杀虫剂，可在幼虫期喷施Bt乳油、青虫菌含100亿活孢子/g200～500倍液或大袋蛾核多角体病毒0.015～0.03亿/ml。

4. 药剂防治 在低龄幼虫发生盛期，及时喷药。并尽可能喷湿护囊，以提高防治效果。有效药剂有：90%敌百虫1200倍液；2.5%溴氰菊酯乳油2000倍液；40.7%毒死蜱乳油1000～2000倍液。

三、夜蛾

夜蛾属于鳞翅目（Lepidoptera）夜蛾科（Noctuidae），种类非常多，食性杂，能食叶，切根（茎）及钻蛀。成虫中至大型，体粗壮多毛而蓬松，喙发达，复眼光亮。触角丝状，有的雄性为羽毛状或栉齿状。幼虫有腹足3～5对。常见种类有斜纹夜蛾（*Prodenia litura* Fabriceus）、银纹夜蛾（*Argyrogramma aganata* Staudinger）、甘蓝夜蛾（*Barathra brassicae* Linnaeus）、黏虫（*Leucania separate* Walker）、草地贪夜蛾（*spodoptera frugiperda*）等。

（一）斜纹夜蛾

【为害】 斜纹夜蛾是一种多食性害虫，寄主非常广，可寄生99科290多种植物。多种蔬菜（十字花科、旋花科、豆科蔬菜等）和观赏植物（荷花、睡莲、菊花、香石竹、月季、万寿菊、木芙蓉、扶桑、绣球、马蹄金、细叶结缕草草坪等）均可受其为害。幼虫食叶，咬成孔洞或将全叶吃光，有时也为害幼茎、花蕾、花瓣。发生量高时，可将一块地中的植物吃光后，成群迁移至他地为害。

【识别特征】　成虫体长14～20mm，翅展35～46mm，体暗褐色，胸、腹部深褐色，胸部背面有白色丛毛，前翅褐色多斑纹，自前缘基部1/3处斜向后缘有一条明显的灰白色带状斜纹。后翅白色。卵扁平的半球状，初期为黄白色，后变为暗灰色，卵壳上有网状花纹，卵为块状，黏合在一起，上覆黄褐色绒毛。老熟幼虫体长33～50mm，体色黄绿色至黑褐色，中胸至第9腹节背面两侧各有1对近三角形的黑斑。蛹长约15～20mm，圆筒形，红褐色，尾部有一对短刺（图3-8）。

图3-8　斜纹夜蛾
1.成虫　2.卵　3、4.幼虫　5.蛹

【年生活史】　本省斜纹夜蛾一年发生5～6代，以幼虫和蛹在土下越冬，世代重叠严重。全年中7—9月份幼虫为害最严重。成虫对黑光灯及糖醋液有强烈的趋性，卵产在叶背成卵块，上覆毛。幼虫孵化后具有群集性，先群集在叶背卵壳附近取食叶肉，2龄后开始分散。4龄开始出现背光性，傍晚出来取食，进入暴食期，有假死性，3龄后表现更为显著。幼虫老熟后入土作土室化蛹。

【防治措施】

1. 冬季结合翻耕，消灭越冬虫蛹。

2. 利用其成虫的趋光性，用黑光灯或利用成虫的趋化性，用糖醋液诱杀成虫。糖醋液配方，糖∶醋∶酒∶水为3∶3∶1∶10，加0.1%的敌百虫或拟除虫菊酯类杀虫剂。

3. 结合观赏植物管理，清除园内杂草，或于清晨或傍晚在草丛中捕杀幼虫。人工摘除卵块和幼虫初孵群集时摘除虫叶。

4. 药剂防治。斜纹夜蛾目前对多种有机磷、拟除虫菊酯类杀虫剂产生了不同程度的抗药性。对抗性的斜纹夜蛾可用15%安打悬浮剂3700倍液、10%除尽2000倍液、20%米螨1000～1500倍液、奥绿1号1000倍液或1%甲维盐乳油2000～3000倍液。其他药剂参见刺蛾类。

5. 保护利用天敌。斜纹夜蛾的天敌很多，有多种寄生蜂，寄蝇，还有苏云菌杆菌类、绿僵和白僵菌及多角体病毒，应注意保护和利用天敌。

（二）银纹夜蛾

又名黑点银纹夜蛾，豆银纹夜蛾。

【为害】　主要为害菊花、大丽花、翠菊、美人蕉、一串红、海棠、香石竹等多种花卉及豆类、十字花科等蔬菜。幼虫为害叶片成缺刻或孔洞。

【识别特征】　成虫体长12～17mm，翅展32mm，体灰褐色，胸部有两束毛耸立。前翅深褐色，具2条银色横纹，翅中有一显著的U形银纹和一个近三角形银斑；后翅暗褐色，有金属光泽。卵半球形，长约0.5mm，白色至淡黄绿色，表面具网纹。老熟幼虫体长约30mm，淡绿色，虫体前端较细，后端较粗。头部绿色，两侧有黑斑；胸足及腹足皆绿色，第1、2对腹足退化，行走时体背拱曲。体背位于背中线两侧有6条纵向白色细线，体侧具白色纵纹。蛹长约18mm，初时蛹背面褐色，腹面绿色，后来整个都变为黑褐色（图3-9）。

图3-9　银纹夜蛾
1.成虫　2.幼虫　3.蛹

【年生活史】　杭州附近银纹夜蛾一年发生4代，以蛹在附近枝叶上越冬。4—5月始见蛾，11月下旬终见蛾。田间5—11月均可见幼虫。成虫有趋光性，卵散产于叶背。初孵幼虫群集叶背取食叶肉，能吐丝下垂，3龄后分散为害。幼虫有假死性。幼虫老熟后在叶上作薄茧化蛹。

【防治措施】

1. 人工捕捉幼虫和蛹杀死。
2. 灯光诱杀成虫。
3. 药剂防治。同刺蛾或喷施奥绿1号。

四、丝绵木金星尺蠖

丝绵木金星尺蠖（*Calospilos suspecta* Warren）又名卫矛尺蠖、丝绵木金星尺蛾。属于鳞翅目（Lepidoptera）尺蛾科（Geometridae）。

【为害】　主要为害大叶黄杨、丝棉木、欧洲卫矛等。是大叶黄杨的主要害虫。幼虫食叶为害，重时叶片吃光，甚至啃食嫩茎表皮。造成生长不良，重则连片枯死。

【识别特征】　成虫体长约13mm，翅展38mm左右。翅银白色，具灰色斑纹，翅基有一深黄褐色花斑。腹部金黄色。卵椭圆形，表面有网纹。老熟幼虫体长约33mm，体黑色，背线、亚背线、气门上线蓝白色，气门线及腹线黄色。胸部及腹部第6节后的各节上有黄色横纹。腹足2对。蛹棕色，长约13～15mm（图3-10）。

图3-10　丝绵木金星尺蠖
1.成虫　2.幼虫　3.卵　4.为害状

【年生活史】　丝绵木金星尺蠖在本省一年发生4代。以蛹在土中越冬。第一代幼虫于4月下旬至5月上中旬进入为害盛期，第二代幼虫为害盛期发生在6月下旬至7月上旬，3～4代幼虫为害盛期在9—10月。其中以第1、2代为害最为严重，并具有世代重叠的现象。成虫具趋光性不强。卵多产于植株上部的叶背，嫩梢上，每堆2～3粒或几十粒不等。初孵幼虫有群集性，啃食叶肉，2龄后分散为害。3龄后，能将叶片咬成缺刻。幼虫有假死性和背光性，白天躲在枝叶茂盛处，蛰伏不出，傍晚和夜间出来取食为害。幼虫老熟后吐丝下垂至树冠周围松散的土壤中化蛹。

【防治措施】

1．冬季结合翻耕，肥水管理，人工挖除土中的虫蛹。

2．灯光诱杀成虫或网捕成虫。

3．药剂防治。幼虫发生量大时，可用药剂防治。有效药剂见刺蛾类害虫。其中，敌百虫100g加杀灭菊酯60g，兑水50kg喷施，对于低龄和高龄幼虫效果非常好。

4．保护和利用天敌。如凹眼姬蜂、细黄胡蜂、赤眼蜂、两点广腹螳螂等，都是丝棉木金星尺蠖的天敌昆虫，可以加以保护和利用。

五、黄尾毒蛾

黄尾毒蛾（*Porthesia xanthocampa* Dyar）又名黄尾白毒蛾、桑毛虫、桑毒蛾、金毛虫等，属鳞翅目（Lepidoptera）毒蛾科（Lymantiidae）。

【为害】　黄尾毒蛾为多食性害虫，可为害桑、多种果树及白杨、垂柳、枫杨、榆、重阳木、珊瑚树、梅花、月季、桃花、海棠等多种观赏植物。以幼虫为害植物的芽、叶为主。幼虫低龄时取食叶肉表皮，稍大后，咬食叶片形成缺刻，甚至仅留叶脉。幼虫体表有毒毛。该毒毛能使蚕中毒，诱发蚕的黑斑病。与人体接触后，常引发皮炎，更有甚者会造成淋巴发炎。

【识别特征】　雌成虫体长15mm左右，翅展30mm左右。触角橙黄色，栉齿状。体、翅皆为白色，前翅后缘有2个黑褐色斑纹。腹末有橙黄色毛丛。雄成虫触角羽状，尾部的黄色丛毛较雌虫少。卵扁圆形，灰白色，半透明状，表面覆盖黄毛。老熟幼虫黄色，体长32mm左右，头部黑褐色，胴部黄色，背线和气门下线红色，亚背线、气门上线和气门线黑褐色，均断续不连。每一体节上均有毛瘤3对，上生黑色及黄褐色长毛和松枝状的白毛（图3-11）。

图3-11　黄尾毒蛾

1.成虫　2.幼虫

【年生活史】 本省一年发生3代，以3龄幼虫在树皮缝隙及枯枝落叶中结茧越冬。各代幼虫为害盛期分别是6月中旬、8月上旬和9月上中旬。成虫有趋光性，卵产于叶背集结成块，初孵幼虫群集为害，3龄后分散为害。低龄幼虫先取食叶肉，仅留下表皮，稍大后，蚕食叶片，造成缺刻和孔洞，仅剩下叶脉。

【防治措施】

1．消灭越冬幼虫。冬春季节刮除粗老树皮，清除枯枝落叶，或冬前在树干基部束草诱集幼虫越冬，第二年早春摘下后烧毁，并在树皮，树缝，石块之下搜索越冬幼虫加以清除。

2．灯光诱杀成虫。利用成虫趋光性，加以诱杀。

3．人工摘除卵块及群集时的初孵虫叶处死。结合日常养护，寻找树皮树缝，落叶处的幼虫及蛹。

4．药剂防治。掌握幼虫3龄前喷药。有效药剂有：5%定虫隆乳油1000～2000倍液；2.5%溴氰菊酯乳油400倍液；25%灭幼脲3号胶悬剂1500倍液；40.7%毒死蜱乳油1000～2000倍液等；还可用5%高效氯氰菊酯4000倍液或10%多来宝悬浮剂6000倍液灭杀卵块。

六、灯蛾

灯蛾属于鳞翅目（Lepidoptera）灯蛾科（Arctiidae）。成虫具有强烈的趋光性，故名灯蛾。常见种类有星白雪灯蛾（*Spilosoma menthastri* Esper）、人纹污灯蛾（*Spilarctia subcarnea* Walker）、美国白蛾（*Hyphantria cunea* Drary）、红缘灯蛾（*Amsacta lactinea* Cramer）等。

（一）星白雪灯蛾

【为害】 星白雪灯蛾（黄腹灯蛾）主要为害菊花、月季和茉莉等。幼虫食叶为害，低龄幼虫啃食叶肉只留下表皮，高龄幼虫把叶片吃成缺刻或吃光。

【识别特征】 成虫体长14～18mm，翅展33～46mm。雄蛾触角羽毛状，下唇须背面和尖端黑褐色。头、胸、翅均为白色。前翅散生许多黑点。腹部背面黄色或红色，每腹节中央有1个黑斑，两侧各有2个黑斑。卵为半球形，初产为乳白色，后变成灰黄色。幼虫体色为土黄色至黑褐色，体上密生棕黄色至黑褐色长毛。腹足土黄色。蛹粗短，棕色，茧土黄色，包裹着幼虫脱落的体毛（图3-12）。

图3-12 星白雪灯蛾
1.成虫　2.幼虫

（二）人纹污灯蛾

【为害】　人纹污灯蛾主要为害非洲菊、金盏菊、月季、木槿、腊梅、菊花、鸢尾等花木。幼虫食叶为害，低龄幼虫啃食叶肉只留下表皮，高龄幼虫把叶片吃成缺刻或吃光。

【识别特征】　成虫体长约20mm，翅展45～55mm。头、胸、翅白色或黄白色，静止时两前翅合拢其上有一由小黑点组成的"人"字形纹。腹部背面红色。卵：扁球形，淡绿色，直径约0.6mm。老熟幼虫体长约50mm，体表黄褐色，密被棕黄色长毛；中胸及腹部第1节背面各有横列的4个黑点，腹部第7～9节背线两侧各有1对黑色毛瘤；腹足黑色。蛹深棕色，较粗短，茧土黄色包裹着幼虫脱落的体毛（图3-13）。

图3-13　人纹污灯蛾
1.成虫　2.幼虫

【年生活史】　星白雪灯蛾和人纹污灯蛾，在本省一年发生4代，以蛹在土下越冬。第二年4月中下旬羽化为成虫。各代幼虫为害期分别在4月下旬—5月上中旬、6月下旬—7月上旬、8月上中旬、10月上中旬，其中8—10月间为害最为严重。成虫具有强烈的趋光性，卵产在叶背成卵块，幼虫老熟后入土结茧化蛹。

【防治措施】

1. 冬季翻耕土壤，消灭越冬蛹茧。或在老熟幼虫转移时，在树干周围束草，诱集幼虫化蛹，然后将草束集中销毁。

2. 摘除有卵块和幼虫群集为害的叶片销毁。

3. 成虫羽化期，利用成虫的趋光性，用灯光诱杀成虫。

4. 药剂防治。幼虫发生量大时，可喷施20%杀灭菊酯3000倍液、48%乐斯本1500倍液或敌百虫1000倍液。其他药剂参考刺蛾类。

七、天蛾

天蛾属鳞翅目（Lepidoptera）天蛾总科（Sphingoidea）天蛾科（Sphingidae）。为害多种观赏植物。幼虫食量大，可将植物叶片吃成光秃秃的秃枝。天蛾成虫体型偏大，行动活跃，飞翔能力强。身体粗壮呈纺锤形，末端尖。触角中部加粗，末端弯曲呈钩状，有发达的喙，有时喙长过身体。前翅大而狭长，顶角尖而外缘倾斜。后翅相对前翅来说，较小。被厚鳞。卵：椭圆形，稍扁，上面略有凹陷，表面有多角形网纹。幼虫大而粗壮，圆柱形，光滑，低龄时有的幼虫体表有粗粒突起。胴部每节分为6～8个小环，有的侧面有斜纹或眼状斑。腹部第8节背面有尾角。休息时常将身体的前面部分高举起。头缩起向下，长时间不动弹。蛹光滑，发亮，红褐色。触角长度不及翅的3/4，喙贴于体上，或伸出成壶柄状。腹部末端有臀棘。化蛹在地下土壤中或地面薄茧中。常见种类有：霜天蛾（*Psilogramma menephron* Cramer）、红天蛾（*Pergesa elpenor lewisi* Butler）、豆天蛾（*Clanis bilineata tsingtauica*）、蓝目天蛾（*Smerinthus planus* Walker）等。

（一）霜天蛾

【为害】 主要为害女贞、泡桐、丁香、悬铃木、柳、梧桐等。

【识别特征】 成虫体长45～50mm，翅展90～130mm。体、翅暗灰色，混杂着霜状白粉。胸部背面有一黑色"U"斑纹。卵为球形，初产时呈绿色，后逐渐变为黄色。幼虫体长约为75～96mm，头部淡绿，胸部绿色，腹部呈黄绿色，体侧有7条白色斜带；尾角为褐绿色，上面长有紫褐色颗粒。气门黑色。蛹红褐色，长约50～60mm（图3-14）。

图3-14 霜天蛾
1.成虫 2.幼虫

【年生活史】 浙江省一年发生3代，幼蛹在土中越冬。第二年4月下旬—5月羽化。6—7月为害最为严重，10月底老熟幼虫入土化蛹越冬。成虫具有趋光性，白天潜伏，晚上出来活动，交尾。卵多散产于叶片背面。初孵幼虫先啃食叶片表皮，而后蚕食叶片，造成缺刻和孔洞。

（二）蓝目天蛾

【为害】 主要为害杨、柳、梅花、桃花、樱花等观赏植物。

【识别特征】 成虫：体长30～35mm，翅展80～90mm。体、翅黄褐色，后翅中央有一个深蓝色的大圆眼状斑，斑外有一个黑色圈，最外围蓝黑色，蓝目斑上方为粉红色。卵为椭圆形，长径约1.8mm。初产时呈鲜绿色，有光泽，后为变为黄绿色。老熟幼虫体长70～80mm。头较小，黄绿色。各节有较细横格。第1～8腹节两侧有7条白色或淡黄色斜纹，最后1条直达尾角。尾角斜向后方，长8.5mm左右。蛹长柱状，长40～43mm。初时暗红色，后为暗褐色（图3-15）。

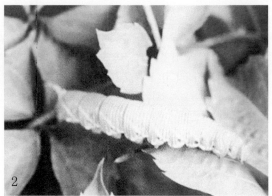

图3-15 蓝目天蛾
1.成虫 2.幼虫

【年生活史】 浙江省一年发生4代。以蛹在植物附近土壤中越冬。翌年5—6月份羽化为成虫。成虫有明显的趋光性，晚间活动。卵散产在叶背枝条上，每雌蛾可产卵200～400粒。初孵幼虫先以卵壳为食，然后取食较嫩的叶片，将叶子吃成缺刻，到5龄后食量大增，常将叶子吃尽，仅留秃枝，因而危害严重。老熟幼虫在化蛹前2～3天体背呈暗红色，从树上爬下，钻入土中55～115mm处，做成土室后即蜕皮化蛹越冬。

（三）红天蛾

【为害】 主要为害茜草科、凤仙科、忍冬、地锦等观赏植物。

【识别特征】 成虫体长36mm，翅以红色为主，并有红绿色金属光泽。头、胸背部有2条红色纵带。腹部背中线为红色。后翅红色，近基部为黑色。幼虫体长80mm左右，绿色或褐色。体背从后胸至第8腹节有黑纹。第1～2腹节有眼状斑。尾角小而下弯（图3-16）。

图3-16 红天蛾成虫

【年生活史】 1年发生2代。以蛹在表层土壤中越冬。成虫有趋光性，白天躲在树冠和建筑物的隐蔽处，傍晚出来活动。卵产在寄主花卉的嫩梢及叶片端部。幼虫昼伏夜出。6—9月均有幼虫危害。10月老熟幼虫入土，用丝与土粒粘成粗茧，在其内化蛹越冬。

（四）防治措施

1. 冬季结合培育管理，翻耕土壤，消灭越冬蛹。

2. 利用成虫的趋光性，灯诱成虫。

3. 根据树下虫粪寻找幼虫进行人工捕捉幼虫。

4. 幼虫大发生期间，可喷施20%杀灭菊酯2000倍液、2.5%溴氰菊酯乳油2000～3000倍液、50%辛硫磷乳油1000倍液、48%乐斯本1500倍液、Bt乳剂500倍液。

八、黄杨绢野螟

黄杨绢野螟（*Diphania perspectalis* Walker）是鳞翅目（Lepidoptera）螟蛾科（Pyralidae）害虫。又名黄杨黑缘螟蛾。

【为害】 主要为害瓜子黄杨、朝鲜黄杨、雀舌黄杨等黄杨科植物。

【识别特征】 成虫体长14～19mm；翅展33～45mm；头部暗褐色，头顶触角间的鳞毛白色；触角褐色；胸、腹部白色，头部及腹末黑褐色。翅除前翅前缘、外缘、后缘及后翅外缘为黑褐色带外其余为白色，前缘黑褐色带中有一新月形白斑。卵椭圆形，约长0.8～1.2mm，初时为白色或乳白色，后转为淡褐色。幼虫体绿色，各节上有黑色瘤突。前胸背面具2块较大的三角形黑斑。背线深绿色，亚背线及气门上线为黑褐色，气门线淡黄绿色，基线及腹线淡青灰色。胸足深黄色，腹足淡黄绿色。蛹纺锤形，棕褐色，长24～26mm，宽6～8mm；腹部尾端有臀刺6枚，以丝缀叶成茧，茧长25～27mm（图3-17）。

图3-17 黄杨绢野螟
1.成虫　2.幼虫

【年生活史】 该虫1年发生3代，以第3代的低龄幼虫在叶苞内做茧越冬，次年3月至4月上旬开始越冬幼虫活动危害，5月中旬开始化蛹。成虫具有弱趋光性，昼伏夜出。雌蛾将卵产在叶片背面。第1代为害盛期5月上旬至6月上旬，第2代为害盛期7月至8月上旬，第3代为害盛期7月下旬至9月下旬，以第2代幼虫为害最重。若防治不好，则会造成整株植物被蚕食。9月下旬幼虫结网缀叶做苞，在苞内结薄茧越冬。

【防治措施】

1．消灭越冬虫源。秋季清理枯枝落叶，集中销毁。

2．在幼虫为害高峰期，人工摘除虫苞。

3．大面积发生时可用化学防治，于初孵幼虫期喷施50%辛硫磷乳油1000倍液、48%乐斯本乳油1000～1500倍液、1%甲维盐乳油2000～3000倍液等。

4．生物防治。卵期释放赤眼蜂，幼虫期使用白僵菌等。

九、凤蝶

凤蝶属于鳞翅目（Lepidoptera）球角亚目凤蝶科（Papilionidae）。体大而美丽；后翅外缘呈波状或后翅臀角扩展成鸢尾状；幼虫前胸背板具有能伸缩的"Y"字形臭腺角，受惊时伸出。主要为害芸香科植物、樟科、伞形花科等。以幼虫为害嫩叶，严重时，新梢只留叶柄和叶脉。

【常见种类及识别特征】

1. 玉带凤蝶*Papilio xuthus* Linnaeus

成虫体长25～28mm，翅展77～95mm。体黑色。前后翅黑色，雄虫前翅外缘有8个黄白色小斑纹。后翅中央有一横列黄白色斑8个，横贯全翅，似玉带，故而得名。雌虫有二型，黄斑型——与雄虫相似；赤斑型——前翅与雄虫相似，后翅外缘也有6个小黄白斑，翅中央有2～5个黄白色椭圆形斑及几个赤褐色斑，亚外缘有6个赤褐色弯月形斑。卵为球形，初时淡黄白，后变深黄色，孵化前变成灰黑至紫黑色。老熟幼虫体长约45mm，头黄褐，体色绿至深绿色，前胸有1对紫红色臭腺角。腹部第4、6节两侧有灰黑色斜纹，在背面不相交。蛹长约30mm，颜色多变，有灰褐、灰黄、灰黑、灰绿等（图3-18）。

图3-18　玉带凤蝶

1.雄成虫　2.雌成虫　3、4.幼虫

2. 柑橘凤蝶（*Papilio polytes* Linnaeus）

成虫体黄色，体长21～30mm，翅展69～105mm；雌虫略大于雄虫，雌虫色彩不如雄虫鲜艳。体背有黑色中线，前翅正面黑色，亚外缘有8个黄色新月形斑，翅中央有8个黄斑，中室上还有6条黄色放射状断续线纹，上方有两个黄新月形斑。后翅黑色，亚外缘有6个新月形黄斑，基部有8个黄斑，臀角处有一橙黄色圆斑，内有一小黑点。卵为近球形，初为黄色，后逐渐变深黄色，孵化前转变为紫灰至黑色。老熟幼虫体长45mm左右，体黄绿色，腹部第4、6节两侧各有一条蓝黑色斜纹，分别延伸至第5、6节背面相交，臭腺角橙黄色。蛹长约为29～32mm，颜色鲜绿色，有褐点，其颜色常随环境而变化。中胸背突起较长而尖锐，头顶角状突起中间凹入较深（图3-19）。

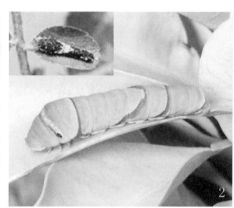

图3-19 柑橘凤蝶
1.成虫　2.幼虫

【年生活史】 浙江省玉带凤蝶1年发生4代，柑橘凤蝶1年发生3代，均以蛹在枝叶、篱笆等处越冬。两种凤蝶在观赏植物中经常混合发生。成虫白天活动，卵产于枝梢、嫩叶尖端。幼虫老熟后在叶背、枝条等处化蛹。玉带凤蝶各代幼虫发生为害期：5月中旬—6月上旬、6月下旬—7月上旬、7月下旬—8月上旬、8月下旬—9月中旬。

【防治措施】

1. 人工捕杀蛹，并将蛹放入纱笼内保护寄生蜂。

2. 结合花木修剪管理，人工采摘幼虫、卵。

3. 幼虫发生多时，可喷100亿活孢子/g青虫菌500～1000倍液，或20%杀灭菊酯3000倍液、90%敌百虫1000倍液等。

十、赤蛱蝶

赤蛱蝶（*Vanessa indica* Herbset）是鳞翅目（Lepidoptera）蛱蝶科（Nymphalidae）的昆虫之一。

【为害】 主要为害菊花、绣线菊、一串红等一、二年生花卉。以幼虫为害叶片，常卷叶取食。

【识别特征】　雌成虫体长20mm，翅展60mm。体、翅深褐色，前翅外半部有数个小白斑，另有一"m"形橙红色斑，后翅外缘橙红色，有4个黑斑。卵为长椭圆形，竖立，淡绿色。老熟幼虫体长32mm。体黑色，具黑褐色或黄色枝刺，中、后胸各4枚，1~8腹节各7枚。蛹长约25mm，灰绿褐色，圆锥状，有棱角（图3-20）。

图3-20　赤蛱蝶
1.成虫　2.幼虫

【年生活史】　一年发生2代，以成虫越冬，翌春3—4月间出现，白天飞舞活动，卵散产于叶片上，幼虫老熟后吐丝倒挂于叶片上化蛹。

【防治措施】

1．人工捕捉　网捕成虫，摘除虫叶和蛹。
2．药剂防治　幼虫为害，可喷48%乐斯本1500倍液或90%敌百虫1000倍液等。

十一、菜粉蝶

菜粉蝶（*Pierisrapae* Linne）属鳞翅目（Lepidoptera）粉蝶科（Pieridae）。

【为害】　主要为害十字花科植物，尤其甘蓝类受害最重。以幼虫食叶成孔洞、缺刻，甚至全叶吃光仅留叶脉和叶柄，虫粪污染叶片，造成的伤口，易诱发软腐病。

【识别特征】　成虫体长12~20mm，翅展45~55mm，翅白色。雌虫前翅顶角有1个大三角形黑斑，中室外侧有2个黑色圆斑，前后并列。后翅前缘有1个黑斑，翅展开时前后翅的黑斑相连接。雄虫前翅中央下方有1个黑斑，较不明显。卵呈瓶状，竖立，高约1mm。初产时淡黄色，后变为橙黄色。菜青虫是菜粉蝶的幼虫的通称。老熟幼虫体长28~35mm，共5龄，初孵化时灰黄色，后逐渐转变成青绿色，因而称为菜青虫。体圆筒形，背线淡黄色，体上生短细毛。蛹长18~21mm，呈纺锤形，颜色有绿色、淡褐色、灰黄色等；背部有3条纵隆线和3个角状突起。头部前端中央有1个短而直的管状突起；腹部两侧也各有1个黄色脊，在第2、3腹节两侧突起成角（图3-21）。

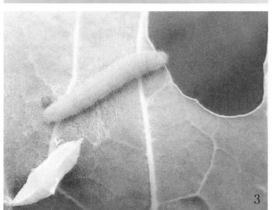
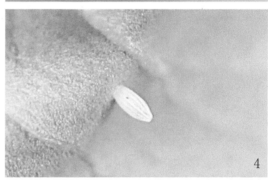

图3-21 菜粉蝶
1、2.成虫 3.幼虫和蛹 4.卵

【年生活史】 本省1年可发生8～9代，以蛹在菜地附近的墙壁屋檐下、篱笆、树缝、杂草、落叶间等处越冬。次年3月上旬，陆续羽化，世代重叠，防治困难。成虫喜在晴朗的白天飞舞，取食花蜜和产卵，卵散产于叶背，成虫有趋向芥子油含量高的植物上产卵的习性。1、2龄幼虫在叶背取食下表皮和叶肉，5龄进入暴食期，老熟后在下部叶背叶柄处化蛹。春季（4—6月）和秋季（9—11月）发生严重。

　　【防治措施】

1. 与非十字花科轮作，清洁田园。十字花科蔬菜、花卉收后及时清除田间残株枯叶和杂草，消灭虫蛹。

2. 人工捕捉幼虫和蛹。

3. 生物防治 少用广谱残效期长的农药，放宽防治指标，保护天敌。用青虫菌、苏云菌杆菌、杀螟杆菌等Bt制剂防治，80～100亿个活孢子/g稀释800～1000倍。

4. 药剂防治 掌握在2、3龄幼虫盛期用药。可选用15%安打3000倍液、5%抑太保乳油2000倍液、25%灭幼脲3号悬浮剂500～1000倍液、20%抑食肼可湿性粉剂800～1000倍液、2.5%高效氟氯氰菊酯乳油或4.5%高效氯氰菊酯乳油2000～2500倍液等农药。

十二、二十八星瓢虫

【为害】 主要为害茄科植物，尤其是茄和马铃薯受害严重。以成、幼虫取食叶片，残留表皮，形成许多半透明斑痕。重时全田叶片干枯而死。

【识别特征】　成虫半球形，黄褐色，2个鞘翅上共有28个黑斑，故而得名。卵为子弹形，初产淡黄色，后变黄褐色。幼虫乳白色，纺锤形，前胸及腹部第8～9节各有枝刺4根，其余各节为6根。蛹淡黄色，椭圆形，尾端包着末龄幼虫的蜕皮，背面有淡黑色斑纹（图3-22）。

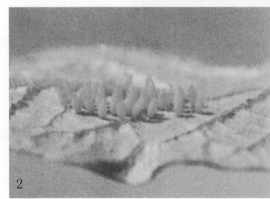

图3-22　二十八星瓢虫
1.成虫　2.卵　3.幼虫和蛹

【年生活史】　一年发生5～6代，以成虫在附近背风向阳的石缝、杂草、土壤里及树皮缝等处越冬。成虫卵产于叶背成卵块，孵化后先群集在一起取食卵壳，然后分散为害。世代重叠。每年的7—8月为幼虫的为害盛期。成虫有假死性，成虫和幼虫均怕强光。

【防治措施】

1. 及时清除田间残株落叶烧毁，检查越冬场所，捕杀越冬成虫。

2. 田间发生时振落捕杀成虫，及时摘除卵块和群集时的虫叶。

3. 药剂防治。抓住幼虫分散前用药。药剂可用90%敌百虫1000倍液、2.5%溴氰菊酯乳油3000倍液、2.5%功夫或20%杀灭菊酯乳油4000倍液、40%菊马乳油2000～3000倍液、50%辛硫磷乳油1000倍液等。

十三、蔷薇叶蜂

蔷薇叶蜂（*Arge pagana* Panzer）又称蔷薇三节叶蜂，属膜翅目（Hymenoptera）叶蜂科（Tenthredinidae）。

【为害】　为害月季、蔷薇、玫瑰等蔷薇科植物。幼虫食害叶片，仅留叶脉（图3-23）。成虫产卵于嫩茎上，形成疤痕。

图3-23　蔷薇叶蜂幼虫为害状

【识别特征】　成虫体长7.5mm，翅展17mm。头、胸、翅及足黑色，有光泽。腹部橙黄色，膝状触角黑色，鞭节3节。卵为椭圆形，微绿色。老熟幼虫体长23mm，体黄绿色，中胸至腹部第8节每节各有3横列黑色毛片，腹足6对，着生在腹部第2～6节和尾节上。蛹白色。茧暗黄色，椭圆形（图3-24）。

图3-24　蔷薇叶蜂
1.成虫　2.幼虫　3.卵

【年生活史】　本省一年发生5～6代，老熟幼虫在土中结茧越冬。第二年4月下旬—5月上旬出现成虫，第一代幼虫为害盛期为5月中下旬，第2代为6月中下旬，第3代为7月上中旬，第4代为8月下旬，第5代为9月中下旬，第6代为10月中下旬。发生期极不整齐，至11月还可见少量幼虫。卵产在嫩枝组织内成卵块（20～35粒），外观为长条形或梭形的卵痕。幼虫孵化后爬到附近叶片上群集为害。老熟后在附近的浅土层或枯叶下结茧化蛹。

【防治措施】

1. 人工防治　结合冬耕挖除土中的越冬虫茧。刮除枝条组织中的卵块，摘除虫叶杀死幼虫。

2. 药剂防治　幼虫为害期，可喷施90%敌百虫1000倍液、48%乐斯本1500倍液、或20%杀灭菊酯2000倍液，均有良好效果。

十四、美洲斑潜蝇

美洲斑潜蝇（*Liriomyza sativae* Blanchard）为双翅目（Diptera）潜蝇科（Agromyzidae）昆虫。1993年在我国海南省始见，目前除西藏外的所有省市普遍发生。

【为害】　寄主范围广，为害葫芦科、豆科、十字花科、茄科、旋花科、菊科等26科约300多种植物。以幼虫潜入叶片和叶柄取食为害，在叶片表皮组织下造成蛇形弯曲不规则的白色隧道，破坏叶绿素，影响光合作用，严重的可造成叶片脱落（图3-25）。

图3-25　美洲斑潜蝇为害状

【识别特征】　成虫小，体长约为1.3～2.3mm，浅灰黑色，胸背板亮黑色，体腹面黄色，雌虫体比雄虫大。　卵为米色，半透明，大小（0.2～0.3）×（0.1～0.15）mm。幼虫通称蛆，初孵时无色，后变为浅橙黄色至橙黄色，长约3mm。蛹为椭圆形，橙黄色，腹面稍扁平，大小（1.7～2.3）×（0.5～0.75）mm（图3-26）。

图3-26 美洲斑潜蝇
1.成虫 2.幼虫 3.蛹

【年生活史】 在南方及大棚温室中可周年发生，无越冬现象，一年可发生10多代。发育周期短，繁殖能力极强，世代重叠严重。成虫一般于白天 8：00—14：00活动，中午活跃，交配后当天可产卵。雌成虫刺伤叶片取食汁液并在其中产卵。老熟幼虫爬出隧道在叶面上或随风落地化蛹。本省5—10月为害重。美洲斑潜蝇的远距离传播，主要是人为调运带有该虫的植物或植物产品；田间的近距离传播，主要是通过成虫迁移或随气流扩散，但其扩散能力差。

【防治措施】

1．及时清洁田园。发现受害叶片随时摘除，收获后把受害的植物残体及杂草彻底清除，集中沤肥或深埋，减少或消灭虫源。

2．与非寄主或劣食性寄主轮作。如与洋葱、大蒜、萝卜、甘蓝、菠菜等轮作。

3．保护地夏季可覆盖地膜进行高温杀虫。

4．用黄色黏胶板诱杀成虫。

5．药剂防治。加强测报，准确掌握发生期。一般在成虫发生高峰期后4～7天或在化蛹高峰期后8天用药最佳。每隔7天防治1次，连续防治2～3次。有效药剂：48％乐斯本乳油1000～1200倍液、5％抑太保乳油1000～1500倍液、1.8％阿维菌素乳油1000～2000倍液、20％斑潜净1500倍液、75％灭蝇胺（潜克）可湿性粉剂 5000～7000倍液等。

十五、灰巴蜗牛和蛞蝓

蜗牛和蛞蝓属软体动物门腹足纲。

【为害】 常在温室大棚、阴雨高湿天气或潮湿地、种植密度大时发生严重。两者食性均很杂，可为害多种花卉和花木，啃食幼嫩茎叶，造成叶片缺刻、孔洞、缺苗。春、秋季发生为害严重。

【识别特征】 蜗牛体背背负着螺旋形贝壳，成虫的外螺壳呈扁球形，具有多个螺层，并且质地较硬。头部发达，具有触角2对，1对眼在后触角的顶端。口位于头部腹面。卵球形。幼贝与成贝基本一致，只是个体较小（图3-27）。蛞蝓不具贝壳，体长形柔软，头部也具2对触角，眼长在后触角顶端。口在前方。卵椭圆形，幼贝淡褐色，形体除大小外基本与成贝一致（图3-28）。

图3-27　灰巴蜗牛　　　　　　　　　　　　　图3-28　蛞蝓

【年生活史】　蜗牛和蛞蝓都喜阴湿，在潮湿、阴暗和多腐殖质的地方生长良好，有昼伏夜出的习性，白天常躲在荫庇、潮湿、不见光的地方，如花盆底部，松散的基质或土壤中。灰巴蜗牛1年发生1代，寿命可达1年以上。成贝与幼贝在灌木丛、草堆、石块下和落叶等潮湿处越冬。第二年3月中旬开始活动为害。活动期间，白天躲藏在草丛、土缝、落叶等处，晚间出来为害，阴雨天可整天活动为害。5月初成贝在附近土中产卵。11月间成幼贝入土越冬。蛞蝓生活习性与蜗牛相似。但土壤干燥（含水量低于15%）或温度在30℃以上均会引起大量死亡。在适宜的温湿度下，寿命可达1～3年。

【防治措施】

1. 人工捕捉　在蜗牛和蛞蝓活动盛期可在清晨或阴雨天人工捕捉，集中杀灭。或傍晚在田间堆放鲜草、菜叶诱集，清晨集中捕杀。

2. 药剂防治　可用6%蜗牛敌颗粒剂（多聚乙醛）均匀施于植物附近的地面上。此药有很强的引诱力，蜗牛和蛞蝓被引诱接触或进食后中毒死亡。

3. 此外，还可以在它们经常出没的环境周围撒石灰或茶籽饼。

子情境2　刺吸害虫

刺吸害虫主要指利用刺吸式口器从植物叶片、枝干、根部吸收自身生长所需养分的这类害虫。主要包括：同翅目的蚜虫、叶蝉、木虱、粉虱、蜡蝉；半翅目的蝽类；缨翅目的蓟马；蜱螨目的螨类等。其主要特点有：1. 具有刺吸式口器，可吸取植物幼嫩组织汁液，导致植物组织的枯萎甚至死亡；2. 个体小，繁殖快；发生世代多，具有明显的发生高峰期；3. 扩散蔓延迅速，可借助风力、苗木做远距离传播；4. 多数刺吸害虫都与植物的病害传播有密切关系。

一、蚜虫

蚜虫又称蜜虫、腻虫、蚰虫，属同翅目（Homoptera）蚜科（Aphididae）。花卉上常见的蚜虫种类有：桃蚜（*Myzus persicae* Sulzer）、萝卜蚜（*Lipaphis erysimi* Kaltenbach）、棉蚜（*Aphis gossypii* Glover）、绣线菊蚜（*Apkis titricola* van der Gout）、月季长管蚜（*Macrosiphum rosivorum* Zhang）、菊姬长管蚜（*Macrosiphoniella sanborni* Gillette）等。

【为害】 主要以成、若蚜群集在嫩芽、嫩叶、嫩梢及叶背刺吸汁液，也能为害花、蕾、果、根。其危害性主要表现为：1. 引起植物营养恶化。生长停滞、叶片发黄、新梢花蕾萎缩，早衰等。2. 引起植物畸形生长。3. 排泄蜜露诱发煤污病。4. 传播多种病毒病（图3-29～3-37）。

图3-29 桃蚜及为害状

图3-30 桃粉蚜及为害状

图3-31 梨蚜及为害状

图3-32 棉蚜为害木槿

图3-33 棉蚜为害菊花

图3-34　月季长管蚜及为害状

图3-35　杭州新胸蚜为害状

图3-36　榆瘿蚜为害状

图3-37　蚜虫为害后诱发的煤污病

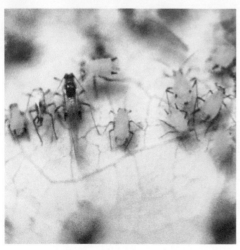

图3-38　有翅蚜和无翅蚜

图3-39　蚜虫的腹管和尾片

【识别特征】 成虫身体微小，柔软。触角长，通常有6节，末节中部起突然变细，明显分为基部和鞭部两部分。在末节基部的顶端和末前节的顶端各有一个圆形的原生感觉圈。触角的第3至6节可能还有圆形或椭圆形的次生感觉圈，它们的数目和分布，可作为区分不同种的依据。蚜虫可分为无翅型和有翅型（图3-38）。有翅型个体前翅大，后翅小，前翅只1条粗的纵脉，其余各脉先后分支，细小不显眼。前翅端部有粗大的翅痣。腹部在第6或第7节背面生有一对管状突起，称为"腹管"。腹部末端的突起称为"尾片"。"腹管"和"尾片"是蚜科的共同特征，其形状、大小的区别则是蚜科昆虫分类的重要依据（图3-39）。

【年生活史】

1. 繁殖 蚜虫繁殖很快，一年可繁殖10～20多代。繁殖方式有两性生殖和孤雌卵胎生。一年内大部分季节都行孤雌卵胎生。只是到秋末冬初才行一次两性卵生繁殖，产卵越冬。不少种类在南方温暖地区或温室中，可全年都以孤雌卵胎生繁衍后代。

2. 食性及活动规律 多数蚜虫种类为多食性或寡食性，只有少数蚜虫种类是单食性（如葡萄根瘤蚜）。

（1）多食性蚜虫。其寄主可分为越冬寄主和越夏寄主，越冬寄主多为木本或多年生草本植物，越夏寄主多为一年生草本植物。如棉蚜，冬季以卵在木槿、石榴、扶桑等越冬寄主上越冬，3、4月孵化为害，4月下旬—5月上旬产生迁移蚜迁到棉、瓜类、木芙蓉、菊花、一串红、蜀葵、香石竹、鸡冠花、瓜叶菊等越夏寄主上为害，10月下旬—11月迁回越冬寄主上产卵越冬。又如桃蚜，冬季以卵在桃、李、杏、梅、樱等越冬寄主枝条、芽腋处越冬，2月中旬—3月中旬孵化为害，4月下旬—5月上旬产生迁移蚜迁到香石竹、大丽菊、郁金香、仙客来、菊花、金鱼草、蔬菜等越夏寄主上为害。10月中旬迁回到越冬寄主上产卵越冬。

（2）寡食性蚜虫。如月季长管蚜，主要为害月季、蔷薇等蔷薇属植物。以成、若蚜集中在新梢、新叶、花梗及花蕾上刺吸汁液。以成、若蚜在寄主的叶芽、叶背越冬。次年4月开始为害，春末夏初虫量最高，为害最重。其次是秋季（9—10月）。又如菊姬长管蚜，主要为害菊花、野菊等菊属植物及艾等，是菊花的主要害虫。主要为害嫩梢、叶、花等。以无翅雌蚜在留种菊株的叶腋、芽等处越冬。4月中下旬—5月中旬以及9月中旬—10月下旬为繁殖为害盛期。

3. 发生条件 ①温湿度条件：温暖干旱有利蚜虫的发生为害，主要发生于春秋季。而暴雨对蚜虫有很强的冲刷作用，因而暴雨过后，会使得蚜虫的数量急剧减少。②天敌：蚜虫的天敌很多，重要的有捕食性天敌，如：瓢虫、草蛉、食蚜蝇、猎蝽、蜘蛛；寄生性天敌，如蚜茧蜂、蚜霉菌等。这些天敌对蚜虫起着很重要的自然控制作用。

【防治措施】

蚜虫防治应注意虫情检查，从治虫防病出发，抓紧早期防治。

1. 木本植物冬季结合修剪除去有虫卵枝梢，清除田间杂草，减少虫源。

2. 黄色黏胶板诱杀或用银灰色薄膜驱蚜。

3. 保护和利用天敌。

4. 药剂防治。对蚜虫有效的药剂有：10%吡虫啉可湿性粉剂3000倍液、25%噻虫嗪（阿克泰）水分散粒剂2500～5000倍液、25%吡蚜酮可湿性粉剂2000倍液、25%灭蚜威乳油500～1000倍液、25%灭蚜灵（唑蚜威）乳油1000～2000倍液、40%氧化乐果乳油1000～1500倍液、2.5%溴氰菊酯2000～3000倍液、20%杀灭菊酯3000倍液等菊酯类农药喷雾、3%呋喃丹颗粒剂每亩用1.5～2.5kg施入土中。盆花按每盆5g根施（花盆口径20cm）。

二、叶蝉

叶蝉属同翅目（Homoptera）叶蝉科（Cicadidae），通称浮尘子、叶跳虫。体小至中型，头顶宽圆，触角刚毛状，生于两复眼之间；前翅革质，后翅膜质；后足胫节具两列刺。常见种类有大青叶蝉（*Cicadella viridis* Linnaeus）、小绿叶蝉（*Empoasca flavescens* Fabricius）、桃一点斑叶蝉（*Erythroneura sudra* Distant）等。

（一）大青叶蝉

【为害】 大青叶蝉的寄主范围广，能为害多种农作物和观赏植物，包括禾本科、豆科、十字花科、蔷薇科、杨柳科、梧桐、柏树、桑等。除了成、若虫刺吸植物汁液为害外，成虫产卵时划破枝条树皮，造成伤口，影响植物正常生长。虫量大时，一些苗木和幼树枝条卵痕密布，枝条逐渐干枯死亡。还可以传播病毒病。

图3-40　大青叶蝉成虫

【识别特征】 雌虫体长9.4～10.1mm，头宽2.4～2.7mm，雄虫体长7.2～8.3mm，头宽2.3～2.5mm。头顶上有1对明显的黑斑。前翅青绿色，前缘淡白色，端部透明。卵为长卵圆形，白色偏微黄，长1.6mm，宽0.4mm，中间微弯曲，一端稍细，表面光滑。若虫初孵时为白色，稍带点黄绿色。2～6小时后，若虫体色逐渐变为淡黄色、浅灰色或灰黑色。3龄后出现翅芽。老熟若虫体长6～7mm，头冠部有黑斑2个，胸背及两侧有4条褐色纵纹直达腹部末端（图3-40）。

【年生活史】 浙江省大青叶蝉一年发生5代左右，以卵在禾本科杂草上越冬，也可在木本植物枝条皮下组织越冬。第二年3月下旬孵化。若虫喜群集在叶背面取食，成虫喜聚集于矮生植物，有很强的趋光性。

（三）桃一点斑叶蝉

【为害】 桃一点斑叶蝉以为害桃树为主，也能为害杏、李、梨、梅、樱桃、月季、海棠及禾本科草坪和杂草等。

【识别特征】 成虫体长3.1～3.3mm，体色有淡黄色、黄绿色或暗绿色之分。在头冠的顶端有一个大而圆的黑斑。前翅半透明，淡白色，翅脉黄绿色。卵为长椭圆形，一端略尖，长约为0.75～0.82mm，乳白色，半透明。若虫体长2.4～2.7mm，全体淡墨绿色，复眼紫黑色，翅芽绿色（图3-41）。

图3-41　桃一点斑叶蝉及为害状

【年生活史】　本省桃一点班叶蝉一年发生4代，以成虫在桧柏、龙柏、马尾松等常绿树上或草丛中越冬。第二年3月上旬开始迁向桃树上为害，多产卵于叶背中脉基部1/3组织中，散产。全年以7、8、9月桃树上虫口密度最高，为害最为严重。10月下旬至11月上旬开始迁向越冬寄主。成虫没有趋光性。

（四）防治措施

1. 清除园地附近杂草，在大青叶蝉产越冬卵前（10月下旬）树干刷涂白剂。

2. 在大青叶蝉成虫盛发期点灯诱杀。

3. 药剂防治。在成若虫为害期可喷施10%吡虫啉3000倍液、25%噻嗪酮（扑虱灵）750～1500倍液、40%氧化乐果2000倍液、20%杀灭菊酯3000倍液、40%菊马乳油2000倍液等。

三、粉虱

粉虱属同翅目（Homoptera）粉虱科（Aleyrodidae）。常见的种类有：温室白粉虱（*Trialeurodes vaporariorum* Westwood）、烟粉虱（*Bemisia tabaci*）、柑橘粉虱（*Dialeurodes citri* Ashmead）等。

【识别特征】　粉虱成虫体型小，雌雄两性都有翅，体表覆盖有白色的蜡粉。前翅最多只有3条翅脉，后翅只有1条翅脉。跗节2节，有2爪。腹部第九节背面有凹陷，称为"皿状孔"。中间有小形第十节背板，称为"盖片"及一个管状的肛下片，称为"舌状突"。1龄若虫有触角4节，有发达的足。2龄若虫的足和触角都退化了，不活动，皮肤变硬，变为"蛹壳"。背面有蜕裂缝，气门褶及皿状孔等。

温室白粉虱与烟粉虱非常相似，难区分。两者的主要区别为：

温室白粉虱成虫体形较大，雌虫体长约1.06mm，雄虫体长约为0.99mm。虫体黄色，前翅脉分叉，左右翅合拢时较平坦。卵的颜色由白到黄，孵化前转变为黑紫色。幼虫体缘一般具有蜡丝。蛹壳较厚，为蜡层包裹。

烟粉虱成虫相对温室白粉虱来说较小些，雌虫体长约为0.91mm，雄虫体长约为0.85mm。虫体淡黄色到白色，前翅脉1条，不分叉，左右翅合拢的时候呈高耸的屋脊状。卵颜色由白到黄，孵化前转变为褐色。幼虫体缘一般无蜡丝。蛹壳平坦，无或少有蜡质分泌物（图3-42～3-43）。

图3-42　温室白粉虱

图3-43　烟粉虱

【年生活史】 白粉虱的寄主很广，可为害一串红、一品红、非洲菊、瓜叶菊、大丽花、菊花、扶桑、悬铃花、月季、茉莉、杜鹃、天竺葵等多种花木及瓜类、茄果类等多种蔬菜。尤以温室环境中为害更为严重。以成、若虫群集在叶背刺吸汁液，受害叶片褪色变黄、凋萎，重时全株枯死。其排泄物易诱发煤污病（图3-44）。

一年发生10多代。以各种虫态在温室植物上越冬，在温室内可终年繁殖，世代重叠严重。成

图3-44 粉虱为害状

虫喜欢群集在上部叶背取食和产卵。中部叶片若虫为多，下部叶片以蛹（伪蛹）为多。成虫有趋光、趋黄色、忌白色和银灰色习性。

【防治措施】

1. 人工防治 初见白粉虱为害时，结合整枝打杈，摘除带虫老叶，可减少和控制虫口数量和扩散蔓延。

2. 用黄色黏胶板诱集成虫或用镀铝板驱避。

3. 药剂防治 可喷施25%噻嗪酮（扑虱灵）可湿性粉剂2500倍液、10%吡虫啉可湿性粉剂2000倍液、25%噻虫嗪（阿克泰）水分散粒剂2500～5000倍液、20%啶虫脒可溶性粉剂2000～4000倍液，10%烯啶虫胺水剂1500倍液，2.5%天王星乳油3000倍液或20%杀灭菊酯2000倍液。棚室也可用敌敌畏熏蒸。

4. 生物防治 如丽蚜小蜂、草蛉、瓢虫等是粉虱的重要天敌。应注意保护利用和引进这些天敌。

四、蚧类

蚧类又称介壳虫，是同翅目（Homoptera）蚧亚目（Coccomorpha）的统称。由于适应长期的吸汁生活，其进化成永久的"寄生者"，虫体结构发生了巨大的变化。常见的种类有草履蚧（*Drosicha corpulenta* Kuwana）、红蜡蚧（*Ceroplastes rubens* Maskell）、日本龟蜡蚧（*Ceroplastes japonicas* Guaind）、桑白盾蚧（*Pseudaulacaspis pentagona* Targioni）、紫薇绒蚧（*Eriococcus lagerstroemiae* Kuwana）、吹绵蚧（*Icerya pruchasi* Mask）等。

【主要生物学特性】

1. 寄主 蚧类寄主一般很广，主要为害多种木本植物。

2. 为害习性 以若虫和雌成虫固定在植株的枝干、叶片（叶背为多）、芽等处刺吸植物汁液，造成树势衰弱、叶片脱落、枝条和嫩芽枯死。同时易诱发煤污病，影响光合作用。初孵若虫有一定的活动能力，体上无蜡质，找到适当部位后，就以口针刺入植物组织

内营固着生活至成虫期，并分泌蜡质、蜡粉或介壳覆盖于体表。有少数种类可营自由生活（吹绵蚧）。雄成虫口器退化，不再取食，能作短距离飞翔。

3. 传播　苗木、花卉调运是蚧类远距离传播的重要途径。

4. 繁殖方式　有两性生殖和孤雌生殖两种，大多为卵生，卵多产在介壳下，身体下或白色棉絮状的卵囊内。

5. 年发生代数及越冬场所　一年发生一代：如草履蚧、红蜡蚧、龟蜡蚧、角蜡蚧等；一年发生2～3代：如吹绵蚧、茶圆蚧、桑白盾蚧、矢尖蚧、紫薇绒蚧等。大多以雌成虫和若虫在枝干或叶片上越冬，少数如草履蚧以卵在土中越冬。

【常见种类及年生活史】

（一）吹绵蚧

1. 寄主　芸香科植物、玫瑰、蔷薇、月季、桂花、含笑、山茶、芙蓉、米兰、扶桑等。

2. 识别特征　雌虫成虫体长4～7mm，身体橘红色，卵圆形。无翅，体外覆盖有黄白色的蜡质粉末，腹部后方有白色卵囊，卵囊表面有脊状突起线14～16条。雄成虫体长3mm，1对翅，翅长3～3.5mm。虫体橘红色，触角11节。若虫椭圆形，橘红色或红褐色，体长约为0.66～3.6mm不等。体表覆盖着黄白色蜡粉及蜡丝（图3-45）。

3. 年生活史　本省一年发生2代，以雌成虫及若虫在叶背及枝干、树干上越冬。第一代卵和若虫盛期在5—6月，第二代卵及若虫盛期在8—9月。

（二）草履蚧

1. 寄主　有冬青、广玉兰、李、花桃、柳、枫杨、樱花、紫薇、木瓜、月季、十大功劳、绣球、海棠、海桐、大叶黄杨等。

2. 识别特征　雌成虫体长约为10mm左右，体扁平，沿身体边缘分节较明显，呈草鞋底状。背面棕褐色，腹面黄褐色，被一层霜状蜡粉。雄成虫体紫红色，长5～6mm，翅展10mm左右。翅1对；触角10节，因有缢缩并环生细长毛，似有26节，呈念珠状。若虫与雌成虫相似，但个体较小，初孵时棕黑色，腹面较淡，触角棕灰色，第3节呈淡黄色。卵初产时为橘红色，有白色絮状蜡丝粘连（图3-46）。

图3-45　吹绵蚧

图3-46　草履蚧

3．年生活史　一年1代，以卵在寄主植物根部附近的土中越夏越冬。次年1月中下旬开始孵化，孵化后先留在卵囊内，随着温度上升，开始出土上树。各地在2月中旬—3月中旬为出土上树盛期，若虫多在中午前后沿树干爬到嫩枝、幼芽等处取食。5月中旬雌虫开始下树，钻入树干周围的土中分泌白色棉絮状卵囊产卵其中越夏过冬。主要为害期在3—5月份。

（三）红蜡蚧

1．寄主　雪松、白玉兰、深山含笑、乐昌含笑、桂花、大叶黄杨、构骨、栀子、金橘、佛手、山茶、杜英、浙江楠等。

2．识别特征　雌成虫呈椭圆形，背面有较厚暗红色至紫红色的蜡壳覆盖，蜡壳顶端凹陷呈脐状。有4条白色蜡带从腹面卷向背面。雄成虫体长约1mm，体暗红色，前翅1对，白色半透明。卵呈椭圆形，两端稍细，淡红至淡红褐色，有光泽。初孵若虫扁平椭圆形，淡褐色或暗红色，腹端有两长毛。2龄若虫暗红色，体稍突起；3龄若虫蜡质增厚，触角6节（图3-47）。

3．年生活史　一年1代。以受精雌成虫附着在枝条或叶背越冬。第二年5月间产卵于体下，6月上旬为若虫孵化盛期，孵化期长达1个月以上，初孵若虫离开母体，群集在新叶及嫩梢上。

（四）日本龟蜡蚧

1．寄主　50多种。如腊梅、夹竹桃、白兰花、山茶、紫荆、海桐、月季、栀子、石榴、大叶黄杨等。

2．识别特征　雌成虫长椭圆形，蜡壳椭圆形灰白，长4～5mm，背面具龟甲状凹纹，边缘蜡层有8块圆突。雄成虫体长1～1.4mm，淡红至紫红色，眼黑色，触角丝状，翅1对白色透明，具2条粗脉，足细小，腹末略细。卵呈椭圆形，长0.2～0.3mm，初为淡橙黄后来逐渐变为紫红色。初孵若虫体长0.4mm，椭圆形扁平，淡红褐色，触角和足发达，腹末有1对长毛。固定1天后开始泌蜡丝，7～10天形成蜡壳，周边有12～15个蜡角呈星芒状。后期蜡壳加厚，雌雄形态分化（图3-48）。

图3-47　红蜡蚧

图3-48　日本龟蜡蚧

3．年生活史　一年1代，以受精雌成虫在枝条上越冬。第二年3月开始取食，5月产卵。本省5月下旬卵开始孵化，6月孵化盛期，可延续至8月初。若虫孵化后，多数在叶片固定取食，尤以叶背多。固定取食6小时开始分泌蜡质，5天左右，体周缘出现白色蜡质星芒状。雄若虫一直在叶片上直至羽化飞出，雌若虫随着各次蜕皮陆续转移到枝条上。

（五）桑白盾蚧

1．寄主　梅花、花桃、月季、红叶李、樱花、茶花、苏铁、小腊等。

2．识别特征　雌介壳圆形或近似圆形，长约为2～2.5mm，灰白色，背面有隆起，呈现螺旋状纹路，壳点橘黄色，偏在介壳的一边。雄介壳长条形，白色，约为1mm，背面具有3条纵脊，壳点黄白色（图3-49）。

3．年生活史　本省一年3代。以受精雌成虫在茎干上越冬。第二年3月越冬成虫开始取食产卵，卵产于体下。各代卵孵盛期分别在5月上中旬、7月中下旬和9月上中旬。若虫孵化后多在2～5年生枝条上固定取食，经5～7天后分泌绵絮状蜡粉覆于体上。一般新被害的植株雌的多，被害已久的植株雄的多。

（六）紫薇绒蚧

1．寄主　主要为害紫薇、石榴等花木。

2．识别特征　雌成虫扁平，椭圆形或长卵圆形，长2～3mm，紫红色，体被白色椭圆形蜡质毡囊。雄成虫体长0.3mm，翅展约1mm，紫红色。卵呈卵圆形，紫红色，长约0.25mm。若虫椭圆形，紫红色，虫体周缘有刺突（图3-50）。

图3-49　桑白盾蚧　　　　　　　　　　　　图3-50　紫薇绒蚧

3．年生活史　发生代数各地不一，上海地区1年发生3代，以成虫在茎干、枝条上越冬。第二年3月上旬越冬成虫开始产卵，卵产于介壳下母体后方。各代若虫孵化期分别在3月中下旬、5月下旬—6月上旬、8月上旬。孵化后固定在枝干缝隙中刺吸为害。经10天左右蜕皮进入2龄，开始形成毡绒状蜡质介壳。

（七）蚧类的防治措施

1．加强植物检疫，及时处理有虫苗木。

2．合理修剪、整枝。冬季结合修剪剪除蚧虫密度高的枝条，生长期对个别植株生长过旺的进行局部疏剪，改善风光条件。剪下的有虫枝叶及时集中烧毁。

3．刮除虫体。

4．在有草履蚧发生的地方，冬末春初在树干基部涂黏虫胶，阻止若虫上树；5月份在树干基部束草，引诱雌虫产卵其中集中烧毁。

5．生物防治。蚧类的天敌有寄生蜂和瓢虫等，应尽量少用药以保护本地这些天敌。也可通过引进、繁殖释放来增加天敌数量。

6．药剂防治。冬季或早春在花木萌动前喷20%融杀蚧螨（松脂酸钠）可溶性粉剂100～150倍或3～5度石硫合剂。发生期用药应选择内吸性药剂或对蚧壳有侵蚀的残效期较长的药剂，施药适期应掌握在各代若虫盛孵期。有效的药剂有：30%力蚧乳油（马·噻）800～1200倍液、50%蚧死清乳油（机油·马）800倍液、40%速扑杀1000倍液、40%毒死蜱机油乳油（速杀蚧）1000倍液、10%吡虫啉1000倍液、40%氧化乐果1000～1500倍液、40%乙酰甲胺磷2000倍液等。

五、网蝽

网蝽属半翅目（Hemiptera）网蝽科（Tingidae）。体小而扁，前胸背板向后延伸成扇形盖住小盾片，有网状花纹。前翅部分革片与膜片，有网状花纹。以成、若虫群集在叶背吸取汁液，被害叶面布满苍白色斑点，排泄物附在叶背能诱发煤污病，受害重时，引起叶片早期脱落，影响植物的长势。常见的有梨冠网蝽（*Stephanitis nashi* Esaki）、杜鹃冠网蝽（*Stephanitis scott*）、樟脊冠网蝽（*Stephanitis macaona* Drake）、悬铃木方翅网蝽（*Corythucha ciliata*）（Say）、杨柳网蝽等。

【主要种类】

（一）梨冠网蝽

【寄主】 主要为害梨、苹果、桃、李、樱花、月季、海棠、杜鹃、香樟等果树和观赏植物。

【识别特征】 成虫体长3.5mm，黑褐色。停息时，前翅合拢，翅上的黑斑连成"X"形。卵长约0.6mm，长椭圆形，一端弯曲，淡绿色至绿色。若虫共5龄。初孵时为乳白色，其后逐渐转变为深褐色。翅芽明显，头胸腹皆有刺状突起（图3-51）。

图3-51 梨网蝽成虫及为害状

【年生活史】 本省一年发生4～5代，以成虫在落叶、树皮缝隙、土下、杂草丛等处越冬。4月上中旬，梨、海棠等展叶时，越冬成虫开始上树群集于叶背取食产卵，卵产在叶背叶肉内。第一代若虫5月中旬盛发，6月以后各代世代重叠严重，虫口密度激增。一年中以7—9月为害最重。10月中下旬后成虫开始越冬。

（二）杜鹃冠网蝽

【寄主】 主要为杜鹃、马醉木等花木。

【识别特征】 成虫体长约3.6mm，宽2mm。头黑褐色。触角4节，浅黄褐色。前胸背板向两侧延伸不如梨网蝽发达，黄褐色，两翅相合时，可见一明显的"X"形褐色斑纹。卵为乳白色，长约0.52mm，宽约0.17mm，呈香蕉形，顶端呈袋口状，末端稍弯。老熟若虫体扁平，长约2mm，宽约1mm。前胸发达，翅芽明显，体暗褐色（图3-52）。

图3-52 杜鹃冠网蝽成虫及为害状

【年生活史】 在浙江省一年约发生5～6代。以成虫和若虫在寄主枯枝和落叶中、杂草及根际表土中越冬。如果气候暖和，则越冬现象不明显。若虫群集为害，以集中叶背为主。约经20天左右羽化为成虫，每年3下旬—4月上旬越冬成虫和若虫开始活动。至4月中旬出现第一代若虫，4月底—5月上旬为第一代盛发期。全年5—9月发生量最大。成虫产卵在叶背主脉两侧的组织中，世代重叠严重。

【防治措施】

1. 冬季清洁田园。清除枯枝落叶及杂草；刮除树干上的翘皮集中烧毁；深耕土壤，以减少越冬虫源。

2．为害期喷药防治。重点抓住越冬代成虫和第一代若虫进行药剂防治。虫量不多时，可喷清水冲洗。可喷施10%吡虫啉1500倍液、40%氧化乐果2000倍液、50%杀螟松2000倍液、10%氯氰菊酯1000倍液、2.5%功夫乳油2500～3000倍液等。

六、螨类

螨类属蛛形纲（Arachnoidea）蜱螨目（Acarina）动物。体微小，体躯无头、胸、腹三段之分，三者愈合，无翅无眼或有1～2对单眼，有4对步足（少数2对，幼螨3对），体圆形或卵圆形。一生经过卵、幼螨、若螨、成螨。有植食性和肉食性。为害植物的螨类主要有叶螨（如：朱砂叶螨*Tetranychus cinnabarinus* Boisduval、山楂叶螨*Tetranychus viennensis* Zacher、柑橘全爪螨*Panonychus citri* McGregor、二点叶螨*Tetranychus cinnabarinus* Boisduval等）、跗线螨（如：侧多食附线螨*Polyphagotarsonemus latus* Banks等）、瘿螨（葡萄叶瘿螨*Eriophyes vitis* Pagst.、柑橘锈壁虱*Phyllocoptes oleivorus* Aschm.等）。观赏植物上多为叶螨，其次为瘿螨和跗线螨。

（一）朱砂叶螨

1．寄主及为害：寄主很广，可为害多种果树、蔬菜、花木及农作物。以成螨、幼螨和若螨在叶背刺吸汁液，叶面呈黄白色斑点，后逐渐扩展到全叶，造成植物叶片失水，影响了植物正常的光合作用。可导致植物生长缓慢，甚至停止，严重时落叶枯死（图3-53）。

图3-53　叶螨为害状

2．识别特征：雌成螨体长0.5～0.6mm，体色一般为红色。体两侧有长条形纵行块状深褐色斑纹。从头部开始一直延伸到腹部后端，有时分隔成前后两块。雄螨体色淡黄，体

图3-54 朱砂叶螨

长0.3～0.4mm，末端瘦。卵呈圆球形，长0.13mm，淡红到粉红色。若螨椭圆形，体侧透露出与成螨相似的块状斑纹，足4对（图3-54）。

3. 发生特点：本省一年发生20多代，以各种虫态在杂草、树皮缝隙、枯枝落叶、土缝中越冬。在温室中终年繁殖生长。早春先在杂草上繁殖为害，然后转移到农作物及观赏植物上。高温干旱有利发生，发生最适温度为25～31℃，相对湿度为35%～55%，全年以7—8月高温干旱季节发生最严重。

（二）二点叶螨

1. 寄主及为害　寄主也很广，为害樱花、贴梗、西府海棠、榆叶梅、桃、梨、李、山楂、锦葵等花木。为害方式同朱砂叶螨。

2. 识别特征　成螨雌体长约0.6mm，卵圆形，体黄色或黄绿色，体背两侧各有1个暗褐色斑块，体背有24根细毛。雄成螨黄色，略呈菱形。卵为球形、乳白色。若螨为黄绿色（图3-55）。

3. 发生特点　地区不同年发生代数有异，南方地区

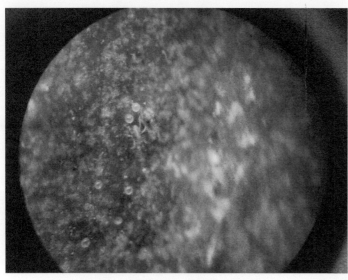

图3-55 二点叶螨

一般发生20代左右。多以受精雌成螨在土缝、树皮缝等处越冬。第二年春季开始为害与繁殖，主要营两性生殖，也可以营孤雌生殖。孤雌生殖的后代均为雄性。每头雌螨平均可产100多粒卵。二点叶螨有吐丝拉网的习性，常在叶背主脉附近丝网栖息。每年7—8月高温干旱少雨时，该虫繁殖迅速，为害猖獗。10月进入越冬。

（三）柑橘全爪螨

1. 寄主及为害：寄主广，为害柑橘类、桂花、桃花、樱花、月季、白玉兰、山茶、天竺葵、一品红、海棠、万寿菊等花木。为害方式同朱砂叶螨。

2. 识别特征：成螨体约长0.39mm，近椭圆形，体色紫红色，身体背面有13对瘤状小突起，每一突起上长有1根白色长毛。雄成螨鲜红色，与雌成螨相比，体略小（长约0.34mm），腹部末端部分较尖，足较长淡黄色。卵呈扁球形，直径约为0.13mm，颜色为鲜红色，有光泽，后渐褪色。卵的顶部有一垂直的长柄，柄端有10～12根向四周辐射的细丝，可附着于叶片上。幼螨体长0.2mm，体色较淡，有3对足。若螨与成螨极相似，但身体较小，一龄若螨体长0.2～0.25mm，有4对足（图3-56）。

3. 发生特点：本省一年发生16代。以卵和成螨在枝条裂缝及叶背越冬。发生适宜温度20～30℃，全年中春秋季发生最重，尤其4—6月份。干燥有利发生。

（四）侧多食跗线螨

1. 寄主及为害　为害仙客来、扶郎花、海棠、茉莉、山茶、柑橘等，主要为害嫩叶、嫩茎、花朵。被害部呈黄褐色或灰褐色，严重时嫩叶沿叶缘向叶背卷曲，叶片增厚变硬变脆，受害嫩梢扭曲畸形、花茎扭曲变硬，花瓣残缺稀疏，严重影响观赏价值。

2. 识别特征　雌成螨阔卵形，体背隆起，淡黄色至黄绿色，长0.21mm，宽0.12mm。雌螨第4对足跗节有长鞭状刚毛。雄成螨乳白色，半透明，长0.19mm、宽0.09mm。雄螨第4对足胫节膨大。雄螨躯体末端有生殖乳突（图3-57）。

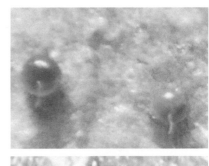

图3-56　柑橘全爪螨卵和成螨

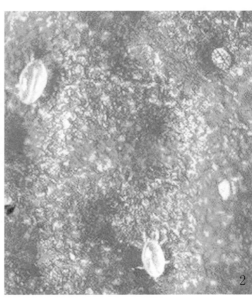

图3-57　侧多食跗线螨
1. 为害状　2. 成螨、若螨和卵

3. 发生特点 一年发生20代左右，以雌成螨在嫩叶背面、芽鳞、芽腋等处越冬。第二年3—4月间开始活动取食，温室终年可繁殖为害，6—7月间为害严重。生长发育最适温度为18～25℃，最适相对湿度为80%～90%。

（五）防治措施

螨类由于虫体小，危害比较隐蔽，繁殖快，传播蔓延迅速，必须采取"预防为主，综合防治"，把害螨控制在点片阶段。

1. 压低越冬基数 冬季和早春及时清除田间杂草、枯枝落叶、木本植物括除树干粗皮、翘皮烧毁，翻耕整地、培土等措施，可除去大量越冬的螨。冬季树木休眠期喷洒3～5波美度石硫合剂。

2. 生物防治 螨类的天敌很多，有瓢虫、隐翅虫、草蛉、食蚜蝇、蜘蛛和捕食性螨等，对这些天敌的利用，主要通过合理用药进行保护，以发挥这些天敌的自然控制作用。

3. 药剂防治 应抓住早期少量点株发生阶段进行，选择对螨各虫态有效对天敌杀伤力小的药剂品种，喷药均匀周到。常用的有效药剂有：50%溴螨酯乳油2000倍液、73%克螨特乳油2000～3000倍液、20%双甲脒乳油1000～2000倍液、25%单甲脒水剂1000倍液。以上药剂2周用一次。15%达螨灵乳油2500～3000倍液，1～2个月用一次。1%杀虫素（阿维菌素）乳油3000倍液，30天用一次。此外，乐果、氧乐果等也有效，1周一次。药剂应轮换或混用。

子情境3 钻蛀害虫

钻蛀害虫是指通过蛀食植物茎干、新梢、花蕾、果实和种子，而获取本身生长所需营养的一类虫害。主要包括：天牛、小蠹虫、吉丁虫、象甲、木蠹蛾、螟蛾等。有钻蛀习性的昆虫一般具有以下特点：①生活场所隐蔽。除成虫期之外，其他虫体都在植物体内，一般于木本植物的韧皮部、木质部里生活；②虫口数量稳定。由于虫害多数隐蔽于植物体内，因而受外界生物及非生物环境条件的影响小。且由于其隐蔽性，可能错过最佳防治适期，而造成虫口数量的稳步增加；③为害重。由于该类害虫主要蛀食植物的枝干，包括木质部和韧皮部，破坏了植物的输导组织，影响植物水分、养分的传递，因而容易造成植物树势衰弱，甚至导致干枯死亡。

一、天牛

天牛属鞘翅目（Coleoptera）天牛科（Cerambycidae）。身体长形，不同种类体形大小差异大。触角丝状，通常超过体长。复眼肾形，包围于触角基部。幼虫圆筒形，粗大肥壮。体色多为乳白色或淡黄色。头小，无足或足小。常见的天牛种类有：星天牛*Anoplophora chinensis* Forseter、光肩星天牛*Anoplophora glabripennis* Motseh、桑天牛*Apriona gormari* Hope、桃红颈天牛*aromia bungii* Faldertmann、菊天牛*Phytoecia rufiqentria* Gautier、黄星天牛*Psacothea hilaris* Paseoe等。

多数天牛为害木本植物，少数为害草本植物。多为多食性或寡食性。

以幼虫蛀干为害，初孵幼虫先在皮层部分为害，稍大后深入到树干木质部蛀食成虫道，纵横钻蛀，虫道内充满虫粪和木屑，有的隔一定距离有排粪孔，外有虫粪和木屑，严重时整个树干被蛀空枯死，树干周围堆满木屑状虫粪。成虫仅取食花粉、嫩树皮、嫩枝叶、有些不再取食。天牛的钻蛀为害，轻则影响树势，重则被害植物枝干折断或干枯死亡。

产卵部位多在离地面2米以内的树干上。产卵方式有：①产卵前先用上颚咬破树皮将卵产于树皮下。如星天牛、光肩星天牛、桑天牛、菊天牛。②直接用产卵管插入树皮缝隙中产卵。如桃红颈天牛。

一年一代或2～3年一代或4～5年一代。多以幼虫在树干隧道内越冬，老熟后在隧道内筑蛹室化蛹。成虫发生盛期一般在5—7月。

图3-58　桃红颈天牛幼虫及为害状

（一）星天牛

【为害】　寄主广，可为害樱花、海棠、悬铃木、杨、柳、榆等多种花卉和树木。

【识别特征】　成虫体长约为26～37mm，体和鞘翅颜色均为黑色，每个鞘翅上有不规则的约20个白点，鞘翅基部有褐色颗粒突起。前胸背板两侧有尖锐粗大的刺突。卵长约5～6mm，长椭圆形，颜色为黄白色。老熟幼虫长约38～60mm，乳白色或淡黄色头部褐色，前胸背板黄褐色，上有"凸"字形斑纹，其上有两个飞鸟形纹。裸蛹，纺锤形状，长约30～38mm，黄褐色（图3-59）。

图3-59　星天牛·成虫

【年生活史】　浙江一年1代，以幼虫在树干基部和主根内越冬。五六月份成虫羽化盛期，至八九月份还有成虫出现。成虫多在晴天中午前后活动，取食叶片、嫩枝树皮，产卵时咬破皮层呈"八"或"T"字形刻槽，卵产于其内的皮层下。卵多产于离地面10cm内树干上。7月中下旬孵化高峰，幼虫先在树皮下蛀食，2个月左右开始深入木质部，蛀成虫道。在被害树干基部地面有成堆的木屑排出。

（二）光肩星天牛

【为害】　同星天牛。

【识别特征】　成虫体长17～39mm，体色为黑色，有金属光泽。前胸背板两侧各有一个棘状突起。鞘翅上有不规则白色斑点约20个，与星天牛相比，鞘翅基部光滑，无任何瘤状颗粒突起。卵长约5.5mm，长椭圆形，乳白色。树皮下见到的卵多为淡黄褐色，近瓜子形。老熟幼虫体长约为50～60mm，乳白色，前胸背板有凸性纹。裸蛹长30mm，黄白色（图3-60）。

图3-60　光肩星天牛成虫和蛹

【年生活史】　寄主同星天牛。1年1代，幼虫在树干内越冬。成虫6月中旬—7月上旬飞出盛期，上午8：00—12：00活动最盛。成虫易于捕捉。成虫产卵时在树皮上咬一椭圆形刻槽，卵产于其皮层下。幼虫孵化后先在皮层下钻蛀，3龄后开始蛀入木质部，从产卵孔中排出虫粪及白色木丝。

（三）黄星天牛

【为害】　为害桑树、构树、樱花、苹果、猕猴桃、无花果、桑、油桐、枇杷、柑橘、柳等。

【识别特征】　成虫体长15～23mm，体黑褐色，密生黄白色短绒毛，体上生黄色斑纹。头顶有1条黄色纵带。鞘翅上生黄斑点十几个。卵长4mm，圆筒形，浅黄色，一端稍尖。老熟幼虫体长22～32mm，圆筒形，头部黄褐色，胸腹部黄白色，前胸背板具褐色长方形硬皮板，花纹似"凸"字，前方两侧具褐色三角形纹。蛹长16~22mm，纺锤形，乳白色，复眼褐色（图3-61）。

【年生活史】　浙江1年发生1代，以幼虫越冬。翌春3月中旬开始活动，6月上旬化蛹，7月上旬羽化。成虫寿命80多天，羽化后先在梢端食害枝条嫩叶，经15天开始产卵，7月下旬进入产卵盛期，多把卵产在直径28~45mm分枝或主干上，产卵痕约3mm，呈"一"字形，每痕内产卵1~2粒，每雌产182粒。卵期10~15天，8月上旬进入孵化盛期。初孵幼虫先在皮下蛀食，把排泄物堆积在蛀孔处，长大后才蛀入木质部，形成隧道，到11月上旬在隧道里或皮下蛀孔处，用蛀屑填塞孔口后越冬。

图3-61　黄星天牛成虫

（四）桑天牛

【为害】　寄主广，可为害桑、构、无花果、白杨、柳、榆、樱桃、海棠、刺槐、枫杨、枇杷、油桐、柑橘等。

【识别特征】　成虫体长26~51mm，体色黑褐色，体表及鞘翅上都密生暗黄色细绒毛。触角第1、2节黑色，其余各节灰白色。端部黑色。鞘翅基部密生黑色瘤状突起。肩角有一个黑刺。卵长约5~7mm，长椭圆形，扁平。老熟幼虫体长约为60mm，乳白色，头部黄褐色，前胸大，背

图3-62　桑天牛成虫

板密生黄褐色的短毛和赤褐色刻点。隐约可见"小"字形凹纹。蛹长约50mm，纺锤形，初成形时为淡黄色，后为黄褐色（图3-62）。

【年生活史】　寄主很广，包括桑、白杨、无花果、柳、榆、樱桃、梨、枫杨、柑橘等多种树木。2年1代，幼虫在被害枝干蛀道内越冬。第二年4月开始为害，至第三年5、6月化蛹，成虫于6月中下旬—7月中旬大量出现。有趋光性，活动高峰在晚上8：00—10：00。产卵时先将枝条表皮咬成与枝条平行的"Ⅲ""∪"形伤口，然后产于其中。卵多产在离地110~180cm枝干上。幼虫孵化后不久即蛀入木质部，逐渐深入内部，向下蛀食成直的孔道，每隔一定距离向外蛀一排粪孔。见有新鲜粪屑者，其内必有幼虫。

（五）桃红颈天牛

【为害】　寄主广，主要为害桃、杏、梅、樱桃、郁李、柳等。

【识别特征】　成虫体长约为32mm，体色黑色，有光亮。前胸背板红色，背面有4个疣突，具角状侧枝刺。鞘翅面上光滑，基部比前端宽，端部渐窄。卵乳白色，卵圆形，

图3-63 桃红颈天牛成虫

图3-64 菊天牛成虫

长约6～7mm。老熟幼虫长约48mm，乳白色，前胸最宽，背板前缘和两侧有4个黄斑，体侧密生黄棕色细毛，体背有皱褶。蛹长约35mm，初期为乳白色，后变成黄褐色（图3-63）。

【年生活史】 2～3年发生1代，每年成虫六七月间发生盛期，卵一般产在离地面1～2m之内的主干或主枝的树皮缝隙内。幼虫孵化后当年在皮层与木质部间蛀食，至第二年蛀入木质部为害，蛀孔外有红褐色锯末状虫粪。

（六）菊天牛

【为害】 主要为害菊科植物。

【识别特征】 成虫体长约11～12mm，线状触角12节，与体长近似。前胸背板中央具橙红色卵圆形斑纹。鞘翅上被有灰色绒毛。腹部和足为橘红色。雄成虫触角长过身体，而雌成虫的触角相对较短。卵长2～3mm，长椭圆形，淡黄色。老熟幼虫长约9～10mm，圆柱形，乳白色至淡黄色，前胸背板近方形，褐色，中央具有1条白色纵纹。腹部末端圆形，具密集的长刚毛。离蛹长9～10mm，浅黄色至黄褐色。腹部具有多根黄褐色刺毛（图3-64）。

【年生活史】 1年1代，成虫在菊花根部越冬，第2年5—7月从根部钻出，在菊花茎上咬一伤口，产卵于其中，其上部逐渐凋枯，卵孵化后幼虫蛀入茎内，向下蛀食至茎基部蛀一排粪孔向外排粪。8、9月在根部化蛹，9—10月羽化越冬。

（七）天牛的防治措施

1．捕捉成虫。成虫发生盛期，根据其活动规律进行捕捉。星天牛、光肩星天牛、红颈天牛可在6—7月份每天11—14时进行，桑天牛可在晚上用灯光诱杀。

2．灭卵。在天牛产卵盛期在树干上寻找产卵痕，发现后，用硬物进行击毁。在成虫发生前树干涂白或包扎，防止产卵。

3．钩杀幼虫。在幼虫未蛀入木质部以前寻找树干上新鲜排粪孔，用嫁接刀挑出幼虫或用铁丝刺死或钩出。8—9月进行为宜。

4．药剂防治。用80%敌敌畏或50%杀螟松等50倍液注入蛀孔或用磷化铝片剂0.5～1 g/孔塞入蛀孔内，并用湿泥封死蛀孔。此外对受害严重的植株及时伐除处理，连根清除被害株。

二、咖啡木蠹蛾

咖啡木蠹蛾*Zeuzera coffeae* Nietner属鳞翅目（Lepidoptera）木蠹蛾科（Cossidae）。

【为害】 寄主很广，多种果树及月季、樱花、山茶、石榴、桃花、木槿、紫荆、白兰花、杜鹃、贴梗海棠、垂丝海棠等多种花木均可受害，以幼虫钻蛀枝条或茎秆，使树势衰弱，严重时使之枯死。

【识别特征】 成虫体长15～18mm，雄虫胸背面有3对青蓝色斑，腹部白色，有黑色横纹。前翅白色，半透明，翅上满布大小不等的青蓝色斑点。后翅外缘山青蓝色斑点。雌虫体型一般大于雄虫。卵为圆形，淡黄色。老熟幼虫体长约为30mm，头部黑褐色，体色为紫红色或深红色，尾部淡黄色。体上各节有颗粒状小突起，上有白毛1根。蛹长约14～27mm，长椭圆形，红褐色，背面有锯齿状横带，尾部具有短刺12根（图3-65）。

图3-65 咖啡木蠹蛾

【年生活史】 1年发生1代。幼虫在被害枝条虫道内越冬。5月中旬成虫开始羽化。5月底—6月上旬可见初孵幼虫。孵化后在叶腋或嫩梢顶端的芽腋处蛀入，蛀入后1、2天，蛀孔以上的叶片或新梢枯萎。可多次转梢为害。虫龄增大后向下部二年生枝条钻蛀，隔一定距离向外蛀一排粪孔，枝条很快枯死，至10月下旬—11月初越冬。

【防治措施】

1．及时剪除被害枝梢，伐除被害严重的死木，集中烧毁。

2．在卵孵化期，幼虫蛀入枝干前，喷施50%杀螟松、2.5%溴氰菊酯或20%杀灭菊酯乳油3000倍液或20%三唑磷乳油500倍液。

3. 对已蛀入枝干内的幼虫可从蛀孔注入敌敌畏、杀螟松或磷化铝片剂，方法见天牛。

三、大丽花螟蛾

大丽花螟蛾又称玉米螟*Pyrausta nubilalis* Hubern，属鳞翅目（Lepidoptera）螟蛾科（Pyralidae）。

【为害】　寄主广，主要为害玉米、长豇豆、向日葵、大丽花、菊花、美人蕉、唐菖蒲、棕榈、菊花等多种植物。幼虫钻蛀茎秆、果实为害，受害重的植株几乎不能开花，果实腐烂。

【识别特征】　雄成虫体长10mm左右，翅展22mm左右。前翅浅黄色或深黄色，内、外横线锯齿状，中央有2个小褐斑。外缘线与外横线间有一条宽大的褐色带。后翅淡褐色，也有褐色横线，当翅展开时，前后翅的内外横线正好相接。雌成虫前翅淡黄色，不及雄成虫颜色鲜艳明显。后翅黄白色，腹部较为肥大。卵呈扁椭圆形，长约为1mm，一般产成卵块，30～40粒粘在一起。排列成鱼鳞状，边缘不整齐，初产时，卵块呈蜡白色，而后发黄，即将孵化时，卵块颜色变为灰黄，卵粒上部出现一个小黑点。老熟幼虫体长约为20～30mm，淡褐色或淡红色，头壳及前胸背板深褐色。暗褐色的背线明显，中后胸背面各有4个毛片，排列成一行。腹部1～8背面节每节6个毛片，前排4个较大，后排2个较小。蛹呈红褐色或黄褐色，长约15～16mm，腹部背面1～7节有横纹，3～7节有褐色小齿1横列。尾端臀棘黑褐色，间断有5～8根钩刺。缠连丝线1束，粘附于虫道蛹室内壁（图3-66）。

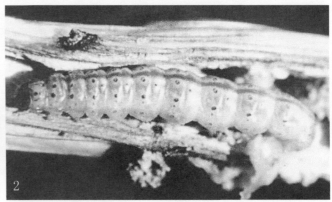

图3-66　大丽花螟蛾
1.成虫　2.幼虫

【年生活史】　一年发生4代，以老熟幼虫在寄主茎干内越冬。越冬代成虫发生很不整齐，世代重叠严重。以6月上中旬发生的第一代幼虫为害最重，以后各代因卵受赤眼蜂的寄生，寄生率较高，为害较轻。成虫有趋光性，卵产在花芽及叶基部成卵块，孵化后从叶基部及花芽蛀入。各代发生期见表3-4。

表3-4 大丽花螟蛾各世代发生时期

	幼虫	成虫
越冬代		5月上旬—6月上旬
第一代	5月中旬—6月下旬	6月下旬—7月上旬
第二代	7月上中旬	7月下旬—8月上旬
第三代	8月上中旬	8月下旬—9月中旬
第四代	9月上旬—9月下旬	

【防治措施】

1. 冬季剪除烧毁大丽花茎秆及其他寄主秸秆。

2. 用黑光灯诱杀成虫。

3. 药剂防治。幼虫孵化期可喷50%杀螟松1000倍液、25%喹硫磷乳油500倍液或2.5%溴氰菊酯、20%杀灭菊酯3000倍液。

4. 对蛀入茎内幼虫，用注射器从蛀孔注入80%敌敌畏500倍液，蛀孔用泥封住。

四、蔗扁蛾

蔗扁蛾*Opogona sacchari* Bojer属鳞翅目（Lepidoptera）辉蛾科（Hieroxestidae）

【为害】 该虫是一种危害性很大的钻蛀性害虫。寄主很广，据资料记载有23个科56种植物。为害巴西木、荷兰铁、发财树、橡皮树、散尾葵、蒲葵、棕竹、鱼尾葵、海芋等，尤以巴西木和发财树受害最严重。危害率高达66.67%。

主要以幼虫钻蛀寄主植物的枝干，巴西木上多在桩桩的中上部钻蛀，发财树上多在树干基部为害，橡皮树上主要从枝干断切口或伤口处蛀入为害。

幼虫首先蛀食韧皮部，食完韧皮部后，转入木质部，蛀成一道道弯曲深浅不一的虫道，严重时直达髓部，在皮层和木质部之间充满虫粪和碎木屑，外表也可见粪屑。最终导致植株叶片萎蔫，直至整株死亡，完全失去观赏价值。根据嘉兴市五县两区调查，巴西木平均株危害率29.78%，有些地方达100%；发财树平均株危害率25.98%。老熟幼虫在蛀孔内头向外尾向内作茧化蛹，蛹前端暴露于茎外，也可在皮层内的粪屑间化蛹（图3-67）。

图3-67 蔗扁蛾为害状

【识别特征】　成虫体长约8～10mm，翅展22～26mm，体色黄褐色，前翅深棕色，中室端部和后缘各具1个黑斑。前翅后缘有毛束，因而停息时，毛束翘起如鸡尾。后翅黄褐色，后缘亦有长毛。后足长，超出翅的端部，后足胫节具长毛。停息时，触角前伸，爬行时，速度极快，形似蜚蠊，并可做短距离跳跃。雌虫前翅基部有一排黑色细线，达翅的中部。卵为淡黄色，长0.5～0.7mm。老熟幼虫长约30mm，宽3mm。体乳白色，头红棕色，胴部各节背面有4个毛片，呈矩形，前排2后排2，各节侧面也有4个小毛片。蛹为棕色，触角、翅芽、后足相互紧贴与蛹体分离（图3-68）。

图3-68　蔗扁蛾
1.成虫　2.幼虫　3.蛹

【年生活史】　蔗扁蛾在嘉兴市大棚温室内一年四季可发生危害，发生代数不明。主要通过寄主植物携带而远距离传播。主要是近几年随巴西木、发财树从广东省等南方携带进浙江省。该虫繁殖力很强，每雌可产卵数十至百粒以上。在温湿度适宜的条件下，虫口数量增加很快。成虫有趋光性。

【防治措施】

1. 加强植物检疫。禁止到广东芳村、顺德等蔗扁蛾发生重的地区调运巴西木、发财树等。

2. 集中销毁，控制虫源。对已有发生的寄主植物进行集中销毁，防止扩散。

3. 开展虫情监测，力争早发现早控制。

4. 诱虫灯诱杀成虫。在成虫发生期，每个花圃装置1～2只频振式杀虫灯。

5. 做好药剂预防工作。巴西木、发财树等嗜食植物调入花圃后，应及时用药剂预防，每盆用3%呋喃丹或米乐尔颗粒剂15～25g拌土后装盆，表面铺一层无毒土。平时经常检查，发现幼虫危害及时用20%好年冬或三唑磷乳油1000倍液灌桩、涂杆或全株喷雾。

子情境4　地下害虫

地下害虫是指为害期生活在土中的害虫，这类害虫食性杂。主要为害作物的地下部分、刚播的种子、根、茎基及近地面的嫩茎，旱地受害严重。种类很多。常见的种类有小地老虎*Agrotis ypsilon* Rottemberg、蝼蛄Gryllotalpidae、蛴螬等。

一、小地老虎

小地老虎俗名地蚕、黑地蚕、土蚕等。

【为害】　食性杂，为害百余种植物。对菊花、万寿菊、百日草、金盏菊、大丽花、孔雀草、一串红、鸡冠花、羽衣甘蓝、石竹、香石竹、凤仙花、桂花、广玉兰、含笑、蜀葵、芙蓉等花木及多种蔬菜、农作物幼苗造成严重危害。

【识别特征】　成虫体长17～23mm、翅展40～54mm。头、胸部背面暗褐色，足褐色，前翅褐色，黑色波浪形内横线双线，黑色环纹内有一圆灰斑，肾状纹黑色，其外侧有一个黑色尖头朝外的剑状纹。中横线暗褐色波浪形。外横线褐色，双线波浪形。亚外缘线灰色，其内侧有两个尖头朝里的剑状纹，外缘线黑色，外横线与亚外缘线间淡褐色。后翅灰白色。卵形似馒头，长约0.5mm、宽约0.3mm，具纵横隆线。初产时乳白色，后逐渐变为黄色，孵化前，卵顶端具黑点。老熟幼虫体长37～50mm、宽5～6mm。头部褐色，体灰褐至暗褐色，体表布满大小不一的突起，背线、亚背线及气门线均为黑褐色；前胸背板暗褐色，黄褐色臀板上具两条明显的深褐色纵带。蛹长18～24mm，宽6～7.5mm，赤褐色，光泽闪亮。腹末端具短臀棘1对（图3-69）。

图3-69　小地老虎

1.成虫　2.幼虫　3.蛹

【年生活史】　本省一年发生4～5代，以老熟幼虫和蛹在土下越冬。以第一代幼虫为害春播植物幼苗最严重，其他各代发生数量较少。越冬代成虫3、4月间盛发（杭嘉湖3月下旬—4月上中旬），第一代幼虫4月中旬开始为害，4月下旬—5月上旬为害最重，五六月之交开始在土中作土室化蛹。

成虫对糖醋液及黑光灯有强烈的趋性。卵产在杂草上、土块下，也有产在作物近地面的茎叶和根茎上。1、2龄幼虫在作物及杂草的嫩叶上昼夜取食,食量小。3龄后白天潜入土下,晚上出来为害咬断幼苗嫩茎,将咬断的幼苗拖入土中取食,切口整齐。食量大,具有假死性,幼虫经6龄老熟,大部分迁至田边、埂边、杂草根际等处潜入土中作土室化蛹。一般土壤湿度大,保水性好,前作是绿肥、蔬菜地及杂草多的田块受害重。小地老虎生长发育最适温度为13~25℃,相对湿度80%~90%,土壤含水量15%~20%;超过26℃发生量下降,30℃,相对湿度100%时,1~3龄幼虫大量死亡(图3-70)。

图3-70　小地老虎为害状

【防治措施】

1. 清除杂草。春播育苗前彻底清除田内、田边杂草,以消灭部分虫卵。

2. 诱杀成虫、捕捉幼虫。在成虫发生期可用糖醋液或黑光灯诱杀成虫,在高龄幼虫发生时于清晨或晚上进行人工捕捉,或用泡桐叶、莴苣叶诱杀幼虫(70~90张/亩)清晨在叶下捕捉幼虫,5天换一次。

3. 及时灌水杀虫。

4. 药剂防治。在低龄幼虫发生期用90%敌百虫1000倍、50%辛硫磷1000倍或25%杀虫双水剂500倍喷雾。防治三龄后幼虫,采用毒饵诱杀。也可以在种前土壤处理。

毒饵配制方法:(1)干毒饵:90%敌百虫或50%辛硫磷乳油1kg拌炒香的棉籽饼或菜籽饼、豆饼50kg。亩用4~5kg;(2)鲜草毒饵:用上述药剂0.5kg拌100kg切碎的菜皮或绿肥,亩用15kg。于傍晚将毒饵撒于行间作物苗旁边。

土壤处理:3%毒死蜱或护地净颗粒剂亩用3~4kg于苗床期沟施或撒施,覆土后播种,移栽期可穴施,生长期于行侧开沟施药后覆土。

二、蝼蛄

蝼蛄是直翅目（Orthoptera）蝼蛄科（Gryllotalpidae）昆虫的统称。又叫土狗、地狗、拉拉蛄等。浙江省以非洲蝼蛄*Gryllotalpa africana* Paisot et Beauvois为主。

【为害】 多食性害虫，能危害多种花木、蔬菜和农作物的种子和幼苗。以成虫和若虫食害刚播的种子和幼苗，咬断根茎基部，切口不齐成乱麻状。此外，蝼蛄还在表土层挖隧道，使幼苗根土分离而干死。

【识别特征】 成虫体狭长，头小，圆锥形。复眼小而突出，单眼2个。触角短。前胸背板椭圆形，背面拱起如盾，两侧向下伸展几乎把前足基节包裹起来。前足粗壮，为开掘足。胫节阔，有4齿，跗节基部有2齿，适宜挖掘土壤和切碎植物的根部。后足腿节不发达，不能跳跃，前翅短，后翅长，长过腹部末端。尾须长。雌虫产卵器退化。若虫形似成虫，体型较小（图3-71）。

图3-71 蝼蛄成虫

【年生活史】 本省一年发生1代，全年中主要以春、秋两季为害。分别为害春播和秋播作物刚播的种子和幼苗。冬季以成虫、若虫在土层深处越冬（45—160cm），过清明后开始进入表土层活动，4月中旬开始出洞为害春播植物和大小麦等，夏季潜入土中越夏产卵（30—40cm），9月中旬后又到地面上活动为害。至11月后陆续进入土下深层越冬。蝼蛄昼伏夜出为害，喜吃煮至半熟的小米、炒香的豆饼及麸皮等。对厩肥有趋性，喜在温暖潮湿腐殖质多的土中生活。成虫有趋光性。

【防治措施】

1. 结合翻耕，春季挖窝灭虫，夏季挖窝灭卵。
2. 点灯诱杀成虫。
3. 药剂防治。（1）药剂拌种：用50%辛硫磷乳油按种子量0.1%～0.2%拌种，拌匀后堆放4～6小时，晾干后即播种。或用40%乐果乳油按种子量0.2%拌种闷种3～4小时。拌种时药剂先加种子量的7%～10%水稀释，然后喷拌于种子上拌匀。（2）毒饵诱杀。具体方法同小地老虎干毒饵。

三、蛴螬

蛴螬为鞘翅目（Coleoptera）金龟子科（Melolonthidae）幼虫的统称，又称白地蚕、白土蚕、核桃虫。常见种类有大黑金龟子*Hloltrichia diomphalia* Batesa、暗黑金龟子*Holotrichia serobiculata* Brenske、铜绿金龟子*Anomala corpulenta* Motsch等。

【为害】 成虫、幼虫食性杂，主要为害农作物及果树、林木等。成虫为害多种作物、果树及林木的叶片，幼虫为害地下根茎及刚萌发的种子，特别喜食柔嫩多汁液的根茎，切口整齐。

图3-72　大黑金龟子

图3-73　暗黑金龟子

图3-74　铜绿金龟子

【识别特征】　成虫触角鳃叶状，通常10节，末端3～5节向一侧扩张成瓣状，它能合起来成锤状。前足开掘足，跗节5节，后足着生位置接近中足而远离腹部末端。腹部有一对气门露在鞘翅外，可见腹板5节。通常，大黑金龟子鞘翅暗黑色，有光泽。两鞘翅均有脊4条（图3-72）。暗黑金龟子鞘翅也是暗黑色，但是暗淡无光（图3-73）。铜绿金龟子体色为铜绿色，且鞘翅上有明显的金属光泽，上有3条脊（图3-74）。

幼虫体型肥大，弯曲呈"C"形，大多数为白色，少数黄白色。头褐色，上颚明显，头部生有左右对称的刚毛，其数量多少是分种的特征。体壁柔软多皱褶，体表细毛疏。是寡足型幼虫，具胸足3对，腹部10节，第10节称为臀节，臀节上生有刺毛，其数目多少和排列方式也是分种的重要特征（图3-75）。

【年生活史】　浙江省5—7月为各种金龟子成虫活动盛期，4—6月和9—10月为幼虫为害盛期。成虫白天潜伏在土中，傍晚出来活动取食产卵，有强烈的趋光性和假死性。卵产在土中。许多金龟子成虫喜在大豆、花生上取食叶片，并在这类田块中产卵。有些成虫则喜欢在高大树木及果树上活动取食，就在附近的农田中产卵。因此，前作是大豆、花生的田块及近树木和果园的田块，幼虫为害严重。

【防治措施】

1. 震落捕杀或点灯诱杀成虫，或在成虫盛期对寄主枝叶喷50%辛硫磷或90%敌百虫1000倍液。

图3-75　蛴螬

2. 翻耕整地拾幼虫。

3. 药剂拌种或毒土处理土壤，消灭幼虫。药剂拌种同蝼蛄。土壤处理于翻耕前用3%毒死蜱或护地净颗粒剂3～4kg/亩或50%辛硫磷乳油500ml/亩加湿润细土15～25kg撒入土中，然后翻耕。植物生长期受害，可用50%辛硫磷乳油或90%敌百虫或48%乐斯本乳油1000倍液灌根。

【复习思考题】

一、填空题

1. 丝棉木金星尺蠖是＿＿＿＿＿＿＿＿（植物）的重要害虫，以＿＿＿＿＿＿＿＿为害叶片。

2. 黄色黏胶板可诱杀＿＿＿＿＿＿＿＿、＿＿＿＿＿＿＿＿等害虫。

3. 防治食叶害虫目前常用的药剂有＿＿＿＿＿＿＿、＿＿＿＿＿＿＿、＿＿＿＿＿＿＿等。

4. 蚧类多以若虫和＿＿＿＿＿＿固着在＿＿＿＿＿＿＿＿＿＿＿＿＿＿＿＿＿＿＿为害，体上覆盖＿＿＿＿＿＿＿＿。发生期防治，药剂宜选用具有＿＿＿＿＿＿＿＿＿＿＿＿和＿＿＿＿＿＿＿＿＿＿＿＿＿＿作用的药剂类型。

5. 防治刺吸害虫目前常用的药剂有＿＿＿＿＿＿＿、＿＿＿＿＿＿＿、＿＿＿＿＿＿＿等。

6. 螨类是观赏植物的重要害虫，目前常用的杀螨剂有＿＿＿＿＿＿＿、＿＿＿＿＿＿＿、＿＿＿＿＿＿＿等。

7. 天牛以幼虫钻蛀＿＿＿＿＿＿＿，一般＿＿＿＿＿年发生一代，冬季多以＿＿＿＿在＿＿＿＿＿＿＿越冬。

8. 浙江省发生的地下害虫主要有＿＿＿＿＿＿、＿＿＿＿＿＿＿、＿＿＿＿＿＿。

9. 小地老虎是一种＿＿＿＿＿＿＿害虫，本地主要以第＿＿＿＿代幼虫为害＿＿＿＿＿＿作物严重。

10. 糖醋液是用＿＿＿＿＿＿＿＿＿＿＿按＿＿＿＿＿＿＿＿＿＿比例配制而成，再加0.1%敌百虫。可用于诱杀＿＿＿＿＿＿＿＿＿＿＿＿＿＿等害虫的成虫。

11. 干毒饵是用＿＿＿＿＿＿＿＿＿＿＿＿＿＿加＿＿＿＿＿＿＿＿＿＿＿＿＿配制而成，可用于防治＿＿＿＿＿＿＿＿和＿＿＿＿＿＿＿＿害虫。

二、是非题

1. 丝棉木金星尺蠖、樟巢螟、大丽花螟蛾、金龟甲及凤蝶成虫均有趋光性。 …（　　）

2. 大袋蛾与茶袋蛾都是多食性害虫，可为害多种植物，以幼虫结护囊取食叶片。
………………………………………………………………………………（　　）

3. 斜纹夜蛾是一种多食性害虫的食叶害虫，浙江省以7—9月幼虫为害最严重。
………………………………………………………………………………（　　）

4. 黄尾毒蛾成虫和幼虫可为害多种观赏植物，冬季以幼虫在树皮缝隙和枯枝落叶中结茧越冬。………………………………………………………………（　　）

5. 蛾类和蝶类属于鳞翅目，其幼虫为多足型，有腹足2～5对，其蛹为被蛹。 …（　　）

6. 蔷薇叶蜂是蔷薇和月季的重要害虫，冬季以老熟幼虫在土壤中越冬。………（　　）

7. 菜粉蝶是十字花科花卉的重要害虫，以幼虫食叶为害，春秋季为害严重。 … （　　）

8. 二十八星瓢虫是一种食叶害虫，以幼虫为害叶片，主要为害茄科植物。 …… （　　）

9. 防治食叶害虫一般应掌握在幼虫2～3龄时施药效果好。 ……………… （　　）

10. 蚧类多以雌成虫及若虫在枝干及叶背上越冬，而草履蚧则以卵在土中越夏越冬。 ……………………………………………………………………… （　　）

11. 发生期防治蚧类应掌握在1、2龄若虫盛期施药为好。 ……………… （　　）

12. 黄色黏胶板可诱集蚜虫、白粉虱和潜叶蝇。 ………………………… （　　）

13. 蚜虫、蚧类、网蝽、粉虱都是同翅目昆虫。 ………………………… （　　）

14. 桃一点斑叶蝉只为害桃树，全年以7—9月为害最严重。 …………… （　　）

15. 高温高湿有利朱砂叶螨猖獗发生。 …………………………………… （　　）

16. 温暖干旱有利蚜虫的猖獗发生。全年以春秋季发生严重，夏季发生轻。 …… （　　）

17. 梨网蝽只为害梨树，药剂防治重点应抓好越冬代成虫及第一代若虫的防治。 ………………………………………………………………………… （　　）

18. 温室白粉虱的寄主很广，尤以大棚、温室内的植物受害严重。 ……… （　　）

19. 防治刺吸害虫药剂应选用内吸性或触杀性杀虫剂。 ………………… （　　）

20. 双甲脒、哒螨灵、克螨特、溴螨酯都是杀螨剂。 …………………… （　　）

21. 大丽花螟蛾是一种钻蛀性害虫，只为害大丽花。 …………………… （　　）

22. 蔗扁蛾是一种钻蛀性害虫，寄主广，危害性大，尤以巴西木、发财树受害最严重，为浙江省检疫性害虫。 ………………………………… （　　）

23. 蝼蛄以成虫和若虫为害刚播的种子和幼苗，咬断幼苗茎基，切口整齐。（　　）

24. 药剂防治蛴螬多采用喷雾法施药。 …………………………………… （　　）

25. 蛴螬的成虫就是金龟子，金龟子白天活动，取食为害植物的叶片。 … （　　）

26. 糖醋液可诱杀斜纹夜蛾、银纹夜蛾和小地老虎成虫。 ……………… （　　）

27. 小地老虎属于鳞翅目夜蛾科昆虫。 …………………………………… （　　）

三、单项选择题（选择1个正确的答案，把其序号填在空格内）

1、下列昆虫属于害虫的是_____。
　　A、异色瓢虫　　　　B、草蛉　　　　　　C、二十八星瓢虫　D、食蚜蝇

2、下列害虫中属于食叶害虫的是_____。
　　A、天蛾　　　　　　B、红蜡蚧　　　　　C、玉米螟　　　　D、梨网蝽

3、下列害虫中属于刺吸害虫的是_____。
　　A、温室白粉虱　　　B、美洲斑潜蝇　　　C、刺蛾　　　　　D、丝棉木金星尺蠖

4、下列昆虫中属于食叶害虫的是_____。
　　A、蚜虫　　　　　　B、叶蝉　　　　　　C、梨网蝽　　　　D、黄尾毒蛾

5、蔗扁蛾属于_____害虫。
　　A、食叶　　　　　　B、钻蛀　　　　　　C、刺吸　　　　　D、地下

6、蓟马属于_____害虫。
　　A、食叶　　　　　　B、钻蛀　　　　　　C、刺吸　　　　　D、地下

7、天牛属于_____昆虫。

    A、鳞翅目　　　　　B、半翅目　　　　　C、鞘翅目　　　　　D、同翅目

8、蛴螬是一种_____。

    A、食叶害虫　　　　B、刺吸害虫　　　　C、地下害虫　　　　D、钻蛀害虫

9、下列昆虫属于钻蛀害虫的是_____。

    A、玉米螟　　　　　B、袋蛾　　　　　　C、蔷薇叶蜂　　　　D、凤蝶

10、下列害虫中属于寡食性的是_____。

    A、蝼蛄　　　　　　B、星天牛　　　　　C、灯蛾　　　　　　D、蔷薇叶蜂

11、下列害虫的成虫晚上无趋光性的是_____。

    A、黄尾毒蛾　　　　B、柑橘凤蝶　　　　C、玉米螟　　　　　D、大青叶蝉

12、在树干上结鸟蛋状虫茧化蛹或越冬的是_____。

    A、黄尾毒蛾　　　　B、褐刺蛾　　　　　C、黄刺蛾　　　　　D、袋蛾

13、下列害虫在土中越冬的是_____。

    A、黄尾毒蛾　　　　B、丝棉木金星尺蠖　C、银纹夜蛾　　　　D、红蜡蚧

14、下列害虫的成虫无趋光性的是_____。

    A、刺蛾　　　　　　B、灯蛾　　　　　　C、蝼蛄　　　　　　D、二十八星瓢虫

15、防治蚧类施药适期一般应掌握在_____。

    A、卵期　　　　　　B、若虫孵化盛期　　C、1、2龄若虫期　　D、2、3龄幼虫期

16、下列害虫不在土中越冬的是_____。

    A、柑橘凤蝶　　　　B、蔷薇叶蜂　　　　C、斜纹夜蛾　　　　D、灯蛾

17、为了保护蚜虫的天敌，发挥天敌的自然控制作用，防治蚜虫宜选用_____。

    A、溴氰菊酯　　　　B、氧化乐果　　　　C、灭蚜威　　　　　D、抑太保

四、问答题

1. 本省发生为害的刺蛾有哪几种？如何防治？
2. 斜纹夜蛾有哪些主要习性？如何防治？
3. 简述丝棉木金星尺蠖的寄主及为害方式、防治方法。
4. 蔷薇叶蜂是如何为害植物的？怎样防治？
5. 灯光诱杀害虫在何时开灯为宜？观赏植物中哪些害虫具有趋光性（至少列举10种）？
6. 食叶害虫种类很多，根据所学的食叶害虫知识，归纳食叶害虫的防治措施，并说明各项措施对哪些食叶害虫有效。
7. 蚜虫是如何为害植物的？有哪些防治措施？
8. 蚧类是如何为害植物的，可采取哪些防治措施？
9. 简述温室白粉虱的发生为害特点和防治措施。
10. 简述朱砂叶螨的发生为害特点及防治方法。
11. 简述天牛对植物的为害方式和综合防治措施。
12. 简述浙江省小地老虎的主要为害代及主要为害期、成虫和幼虫的主要习性、防治方法。
13. 本地常见的蛴螬有哪几种？其主要为害期在何时？如何防治？
14. 本省发生为害的地下害虫主要有哪三种？它们的为害状和施药方法有何不同？

实训二　主要食叶害虫形态及为害状识别

一、目的要求

识别当地观赏植物主要食叶害虫形态及为害状。

二、材料和仪器

四种刺蛾（黄、褐、绿、扁刺蛾）、二种袋蛾（大、茶袋蛾）、丝棉木金星尺蠖、斜纹夜蛾、银纹夜蛾、黄尾毒蛾、人纹污灯蛾和星白雪灯蛾、霜天蛾、红天蛾、蓝目天蛾、玉带凤蝶和柑橘凤蝶、赤蛱蝶、菜粉蝶、榆蓝叶甲、二十八星瓢虫、蔷薇叶蜂、樟巢螟、潜叶蝇等成、幼虫标本及为害状标本或彩色图片。

体视解剖镜、泡沫板、镊子、擦镜纸等。

三、内容及方法步骤

利用所给害虫标本或彩色图片，对照教材上的形态描述，观察以下食叶害虫的形态特征及为害状。

1、比较观察四种刺蛾成、幼虫形态区别及为害状。
2、比较观察二种袋蛾护囊的大小和外形区别。
3、观察斜纹夜蛾和银纹夜蛾成、幼虫的形态区别。
4、观察黄腹与红腹灯蛾、黄尾毒蛾成、幼虫的形态特征。
5、比较观察玉带凤蝶和柑橘凤蝶成、幼虫的形态区别。
6、观察霜天蛾、红天蛾、蓝目天蛾成虫的形态区别。观察天蛾类幼虫的形成特征。
7、观察丝棉木金星尺蠖、赤蛱蝶、菜粉蝶、榆蓝叶甲、二十八星瓢虫、蔷薇叶蜂、樟巢螟、潜叶蝇等成虫和幼虫的形态特征及为害状。

四、作业

1、实训报告
列表描述所观察害虫成虫、幼虫的形态识别特征或为害状特征。
2、递交实物标本
采集观赏植物食叶害虫（成虫或幼虫或被害状）标本10种以上，贴上标签上交或拍成数码照片递交。

实训三　主要刺吸害虫的形态识别

一、目的要求

识别当地主要观赏植物刺吸害虫的形态特征和为害状，为防治打基础。

二、材料和仪器

　　蚜虫（棉蚜、桃蚜、菊姬长管蚜、月季长管蚜等）、大青叶蝉和桃一点斑叶蝉、蚧类（吹绵蚧、草履蚧、红蜡蚧、龟蜡蚧、角蜡蚧、桑白蚧、茶圆蚧、矢尖蚧、紫薇绒蚧等）、螨类（朱砂叶螨和侧多食跗线螨）、梨网蝽、梧桐木虱、合欢木虱、温室白粉虱、黑刺粉虱、蓟马等害虫标本、或玻片标本及为害状标本或彩色图片、体视解剖镜、泡沫板、镊子、擦镜纸等。

三、内容及方法步骤

1、蚜虫形态观察：用体视显微镜观察桃蚜、棉蚜、菊姬长管蚜、月季长管蚜等蚜虫的形态特征，注意观察体色、触角上的感觉器、腹管和尾片的长度和形态、有翅蚜和无翅蚜及若蚜的区别。
2、观察比较大青叶蝉和桃一点斑叶蝉的形态异同。
3、蚧类形态观察：观察吹绵蚧、草履蚧、红蜡蚧、龟蜡蚧、角蜡蚧、桑白蚧、茶圆蚧、矢尖蚧、紫薇绒蚧的形态区别。
4、螨类形态观察：观察螨类的一般形态特征，识别朱砂叶螨和侧多食跗线螨的形态特征，注意观察两者的体色、大小、第四对步足形态等有何不同。
5、粉虱形态观察：识别温室白粉虱和黑刺粉虱的形态特征。
6、观察比较梧桐木虱、合欢木虱的形态异同。
6、观察梨网蝽、蓟马的形态特征。

四、作业

（一）实训报告
1、列表比较所观察几种介壳虫的形态区别。
2、列表比较大青叶蝉与桃一点斑叶蝉、梧桐木虱与合欢木虱的形态异同。
3、简述蚜虫、蓟马、梨网蝽和温室白粉虱、螨类的识别特征。
（二）采集刺吸害虫标本10种，贴上标签上交或拍成数码照片递交。

实训四　钻蛀性害虫和地下害虫形态及为害状识别

一、目的要求

识别当地观赏植物主要钻蛀性害虫和地下害虫的形态特征及为害状。

二、材料和仪器

　　天牛（星天牛、光肩星天牛、桑天牛、桃红颈天牛、黄星天牛、菊天牛）、咖啡木蠹蛾、葡萄透翅蛾、桃蛀螟、大丽花螟蛾、蔗扁蛾、小地老虎、蝼蛄、蛴螬（铜绿金龟子、大黑金龟子、暗黑金龟子）等生活史标本或成虫针插标本、幼虫浸渍标本、为害状标本、彩图等。

　　体视解剖镜、泡沫板、镊子、擦镜纸等。

三、内容及方法步骤

1、观察星天牛、光肩星天牛、桑天牛、桃红颈天牛、黄星天牛、菊天牛成虫的形态特征，注意3种星天牛的区别所在。
2、观察天牛幼虫、蛹的形态特征及为害状。
3、观察咖啡木蠹蛾的生活史标本，注重观察成虫触角、翅及体背、体侧上的青蓝色斑点、幼虫体色及胴部各节黄褐色小颗粒状物的排列。
4、观察葡萄透翅蛾各虫态的形态特征及为害状。
5、观察大丽花螟蛾与桃蛀螟成虫和幼虫的形态区别，注意观察成虫的体色、前翅斑纹、幼虫体色、纵线、毛片排列等特征。
6、利用标本或彩色挂图观察蔗扁蛾的为害状及成、幼虫的形态特征。
7、观察小地老虎成虫前翅斑纹、触角和幼虫体色及臀板上的斑纹特点。
8、比较观察铜绿金龟子、大黑金龟子、暗黑金龟子成虫的主要区别及其幼虫的形态特征。
9、观察蝼蛄成、若虫形态特征。并观察三类地下害虫为害状的区别。

四、作业

（一）实训报告
1、比较星天牛、光肩星天牛、黄星天牛、桑天牛、桃红颈天牛成虫的主要形态区别。
2、绘大丽花螟蛾成虫前翅和幼虫形态特征图和小地老虎成虫前翅特征图。
3、如何区别铜绿金龟子、大黑金龟子和暗黑金龟子成虫？如何区别小地老虎幼虫和蛴螬？
（二）采集钻蛀害虫及地下害虫标本5种以上，贴上标签上交或拍成数码照片递交。

学习情境 4

花卉病害及其防治

【学习目标】

通过本学习情境的学习，能识别当地常见花卉病害的症状特征和病原类别，并能熟练使用显微镜进行病原镜检，具有病害诊断的基本能力。掌握当地花卉主要病害的发生规律和综合防治方法，具有能在花卉各个生产环节或生长周期中做好相关病害预防和控制的基本能力。

花卉在生长发育和贮运过程中，遭受有害生物的侵染或不良环境因素的影响，导致生理、组织结构、形态上产生局部或整体的不正常变化，使植物的生长发育不良，品质变劣，甚至引起死亡，造成经济损失和观赏价值降低，这种现象称花卉病害。植物感病后，经过一定的病理程序，最后外表所显现出来的各种各样的病态特征称为症状。植物病害典型症状包括病状和病征。病状是感病植物本身所表现出的反常状态。如各种变色、坏死、腐烂、萎蔫、畸形等。病征是病原物在寄主病部所形成的特征。如病部出现各种不同颜色的霉状物、粉状物、不同大小粒状物、疱状物，脓状物等。花卉病害种类很多，按其病原的性质不同可分为非侵染性病害和侵染性病害两大类。非侵染性病害是由非生物性病原即不良的环境因素引起，没有传染性。非生物性病原包括养分失调、水分失调、温度不适、土壤过酸过碱、盐分过高、有毒物质（废气、废水、药害、肥害等）等。侵染性病害由生物性病原引起，具有传染性。生物性病原（又称病原生物）包括真菌、细菌、病毒、类病毒、类菌原体（植原体）、寄生线虫、寄生性种子植物等。花卉侵染性病害中80%是由真菌引起。植物病原真菌分为五个亚门：鞭毛菌亚门、接合菌亚门、子囊菌亚门、担子菌亚门和半知菌亚门，其中真菌性病害中近一半是由半知菌引起。五个亚门的区别见表4-1。花卉病害按发病的部位可分为叶花果病害，枝干（茎）部病害和根部病害。也可以按花卉种类来分，如月季病害、杜鹃花病害、菊花病害、非洲菊病害、红掌病害、紫罗兰病害、凤梨病害、仙客来病害、蝴蝶兰病害、香石竹病害、唐菖蒲病害、郁金香病害、百合病害、鸢尾病害……。很多同类病害可发生在多种花卉上。为了缩小篇幅，减少重复阐述，本学习情境按发病的部位来阐述花卉常见病害种类症状的识别、诊断、发病规律及其防治方法。

表4-1　植物病原真菌五个亚门的主要区别

亚门	营养体	无性繁殖体	有性繁殖体
鞭毛菌亚门	无隔菌丝体	孢子囊和游动孢子	卵孢子
接合菌亚门	无隔菌丝体	孢囊孢子	接合孢子
子囊菌亚门	有隔菌丝体	分生孢子，生在分生孢子梗上或两者生在分生孢子盘或分生孢子器内	子囊孢子，生在子囊内，形成闭囊壳、子囊壳、子囊盘等子实体，子囊生于其内，少数子囊外生
担子菌亚门	有隔菌丝体	不发达或产生夏孢子	担孢子、冬孢子、锈孢子、性孢子
半知菌亚门	有隔菌丝体	分生孢子	不产生或很少产生

花卉病害中以叶、花、果病害种类为多，有60%～70%的花卉病害属于叶、花、果病害，其中尤以叶部病害更多。叶、花、果病害一般情况下，很少引起花卉全株死亡，但叶片的斑驳、变形、斑点、枯死，花、果的提前脱落或腐烂等，直接影响花卉的商品价值和观赏价值。叶、花、果病害常见的有白粉病、锈病、叶斑病、炭疽病、灰霉病、霜霉病、疫病、煤污病、病毒病等。

图4-1　金盏菊白粉病

一、白粉病

白粉病是花卉上一类发生普遍而严重的病害，许多花卉都会发生白粉病。

（一）症状识别

主要为害叶片，有的也可为害叶柄、嫩梢、果实。初时在叶片正面、背面出现白色小粉点，逐渐扩展呈大小不等的白色圆形粉斑，严重时整个叶片布满白粉。白粉初为白色，逐渐转为灰白色。至病害发生的后期，有的可在白粉层中形成黑褐色或黑色的小粒点。重时病叶枯死。或引起叶片卷曲、新梢畸形。病例见图4-1～4-9。

图4-2　扁竹蓼白粉病

图4-3　菊花白粉病

图4-4　大叶黄杨白粉病

图4-5　月季白粉病

图4-6　凤仙花白粉病

图4-7　紫薇白粉病

图4-8　十大功劳白粉病

图4-9　木芙蓉白粉病

（二）病原

白粉病由子囊菌亚门白粉菌侵染引起。不同植物上的白粉菌分别属于不同的属和种。分生孢子椭圆形，单细胞，无色，串生于短棒状的分生孢子梗上。有性繁殖产生闭囊壳，球形、黑色或黑褐色，外有不同形状的附属丝，闭囊壳内有1至数个子囊。附属丝的形状和子囊数的多少是分属的主要依据（图4-10）。引起花卉白粉病的主要有白粉菌属（*Erysiphe*）、单丝壳属（*Sphaerotheca*）、球针壳属（*Phyllactinia*）、钩丝壳属（*Uncinula*）、叉丝壳属（*Microsphaera*）和叉丝单囊壳属（*Podosphaera*）。6个属的主要形态区别见表4-2。

表4-2 白粉菌6个属的主要形态区别

属名	附属丝形状	闭囊壳内子囊数
白粉菌属	菌丝状	多个子囊
单丝壳属	菌丝状	1个子囊
球针壳属	长针状，基部膨大呈球形	多个子囊
钩丝壳属	顶端钩状或卷曲	多个子囊
叉丝壳属	顶端有数回叉状分枝	多个子囊
叉丝单囊壳属	顶端有数回叉状分枝	1个子囊

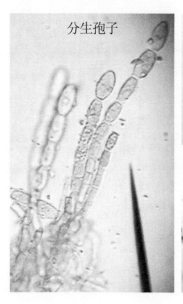
分生孢子
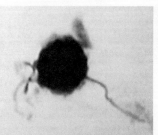
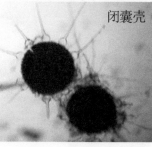
闭囊壳
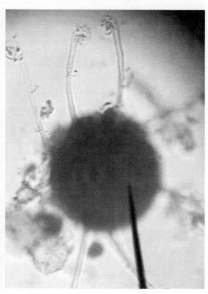

图4-10 白粉病菌形态

（三）发病规律

白粉菌均为专性寄生菌。以菌丝体、分生孢子随在田间或温室内生长的寄主植物活体上越冬，有时也可产生闭囊壳随病株残体在土壤中越冬。越冬病菌第二年春季侵染寄主使之发病。发病后病部产生大量分生孢子，借气流和雨水传播，反复进行再侵染。在适宜条件下潜育期5天左右，往往在短期内造成流行。

白粉病的发生，要求适中的温湿度条件。分生孢子在10～30℃范围内均可萌发，以20～25℃为最适宜。对湿度适应范围较广，在25%的相对湿度下，亦能萌发，但以70%～85%的相对湿度最有利，萌发时不需水滴或水膜存在，否则孢子会吸水破裂。温室、大棚内较易使白粉菌得到最适的温湿度，因此白粉病发生重。

施肥不足，管理粗放，土壤缺水，植株生长不良，抗病性下降，发病重。浇水过多，偏施氮肥，植株徒长，枝叶过密，通风不良，光照不足，湿度增高也有利于白粉病发生。不同品种对白粉病的抗病性有明显差异。

（四）防治方法

1. 选用抗病品种。

2. 加强栽培管理　收后或冬季彻底清除田间病株残体，深翻土壤，减少越冬菌源。保护地栽培中适当加大行距或盆距，注意通风透光，降低湿度。摘除病老叶，减少再次侵染的菌源。加强肥水管理，防止植株徒长或脱肥早衰，增强抗病能力。

3. 保护地定植前用硫磺粉或百菌清烟剂熏烟消毒　硫磺粉熏烟的方法为：每100m²用硫磺粉0.3～0.5kg，加锯末适量，分放4～5点，点燃后闭棚熏闷24小时。45%百菌清烟剂每100m²用37.5g，分放4～5点，点燃后密闭1夜。

4. 木本植物在早春发芽前喷布3～5波美度石硫合剂。

5. 发病初期及时用药剂防治　保护地可选用10%粉锈宁烟剂或45%百菌清烟剂37.5g/100m²熏烟。或用20%粉锈宁乳油1500倍、40%福星乳油8000～10000倍、12.5%腈菌唑乳油2500～3000倍、50%翠贝（醚菌酯）干悬浮剂5000倍、30%特富灵可湿性粉剂1500～2000倍或2%农抗120水剂200倍喷雾。每隔7～10天喷施1次，连续用2～3次。

二、锈病

（一）月季（玫瑰）锈病

1. 症状识别　主要为害叶片，也可为害嫩茎、芽、果。叶片正面出现很小橙黄色小点，叶背出现黄色疱斑，成熟后散出黄色粉状物（锈孢子），后期叶背又生黄色夏孢子堆。夏末秋初叶背上又产生黑褐色粉状物，即冬孢子堆（图4-11）。

图4-11　玫瑰锈病

2. 病原　引起月季、玫瑰锈病的病原种类很多，国内已知有3种，分别为短尖多胞锈菌（*Phraymidium mucronatum* （Pers.） Schlecht.）、蔷薇多胞锈菌（*P. rosae-multiflorae* Diet.）、玫瑰多胞锈菌（*P. rosaerugprugosae* Kasai）。均属担子菌亚门、冬孢菌纲、锈菌目、多胞菌属。均为单主寄生（这类锈菌在一种寄

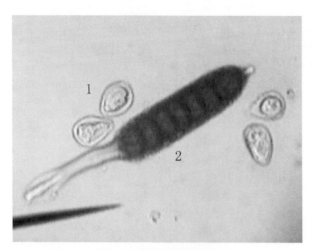

图4-12　月季锈病菌形态
1.夏孢子　2.冬孢子

主植物上就可完成其生活史）。夏孢子黄色，卵圆形、球形或椭圆形，孢壁密生细刺。冬孢子圆筒形，暗褐色，3～7个横隔，顶端有无色乳头状突起，孢子柄上部有色，下部无色，显著膨大（图4-12）。

3．发病规律　病菌以菌丝体在病株上及冬孢子在病残体上越冬。次年春季冬孢子萌发产生担孢子，担孢子萌发后侵入植株幼嫩部位，夏孢子可进行多次再侵染。6月下旬～7月中旬及8月下旬～9月中旬为发病盛期，温暖多雨或湿度大有利发病，冬季寒冷和夏季高温干旱的年份一般发病轻。

4、防治方法

（1）园艺防治。清除病枝叶销毁，结合修剪控制枝条密度；选用抗病品种。

（2）药剂防治。休眠期喷施波美3～5度的石硫合剂。萌芽后喷施20%粉锈宁乳油1500倍液、12.5%烯唑醇可湿性粉剂3000倍液、40%福星乳油8000～10000倍液、50%萎锈灵乳油1000倍液等。

（二）梨（海棠）锈病（梨桧锈病）

1．症状识别　主要为害叶片，也可为害新梢和幼果。叶片受害先在叶面生圆形橙黄色病斑，上生黄色小粒点，后变黑色（为病菌的性孢子器），病组织逐渐肥厚，背面隆起，长出灰黄色的毛状物（为病菌的锈孢子器），正面凹陷。引起叶片早落。幼果、新梢被害，病斑初期橙黄色凹陷，后长出灰黄色毛状物（图4-13～4-14）。

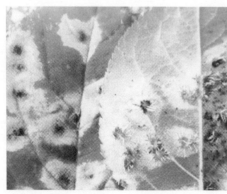

图4-13　海棠锈病

图4-14　梨锈病

2．病原　病原菌主要有2种：山田胶锈菌（*Gymnosporangium yamadai* Miyabe）和梨胶锈菌（*G. haraeanum* Syd.），均属担子菌亚门、冬孢菌纲、锈菌目、胶锈菌属。病菌是一种转主寄生菌（即要在两种亲缘关系很远的寄主植物上才能完成其生活史）。锈孢子

124

球形至椭圆形，淡黄色。冬孢子广椭圆形或纺锤形，双细胞，分隔处稍缢缩或不缢缩，黄褐色，有长柄，遇水易胶化（图4-15）。

3. 发病规律　病菌以菌丝体在转主寄主桧柏、龙柏的病组织中越冬，第二年3月间形成冬孢子角（图4-16），遇春雨冬孢子角吸水膨胀成为舌状胶质块，冬孢子萌发产生大量担孢子，担孢子随风传播到梨、海棠的嫩叶、新梢、幼果上，侵入发病，在病组织上产生锈孢子，又随风传播到桧柏、龙柏上侵害，并越夏越冬。梨树、海棠自展叶开始至展叶后20天均易感病（图4-17）。

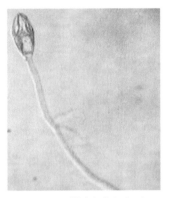
图4-15　梨锈病菌冬孢子

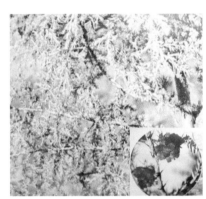
图4-16　桧柏上的冬孢子角

图4-17　梨桧锈病侵染循环

4. 防治方法

（1）在园林设计和种植时避免梨、海棠与桧柏、龙柏混栽。

（2）喷药保护。①应于3月上中旬对桧柏等转主寄主喷布5波美度石硫合剂，或1%倍量式波尔多液，以抑制冬孢子萌发。②在梨、海棠展叶时喷第一次药，以后每隔10～15天喷一次，连喷2～3次。有效药剂有20%粉锈宁乳油1500倍、40%福星乳油8000～10000倍、12.5%烯唑醇可湿性粉剂3000倍。

（三）禾本科草坪草锈病

1. 症状识别　主要为害叶片，上生黄色小疱斑，表皮破裂散出黄色锈粉。后期病部产生条状的黑褐色冬孢子堆，表皮不破裂，重时全叶枯死（图4-18）。

图4-18　黑麦草和高羊茅锈病

2. 病原　为担子菌亚门、冬孢菌纲、锈菌目、柄锈菌属（Puccinia）。冬孢子双细胞，有柄，黄褐色；夏孢子黄色或橙黄色，卵形、圆形或椭圆形。不同草坪草上为害的锈病菌属于不同的种（图4-19）。

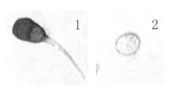
图4-19　草坪草锈病菌
1.冬孢子　2.夏孢子

3. 发病规律　病菌以菌丝体在病株和冬孢子在病残体上越冬。发病季节以夏孢子借风雨传播进行再侵染。3月下旬始发，5—6月及9—10月为害严重。气温25℃，相对湿度85%以上有利发病。植株过密，风光不良，地势低洼排水不良、土壤黏重、贫脊发病重。氮肥过多也会严重发病。品种间抗病性差异大。

4. 防治方法

（1）冬季彻底剪除枯草，减少越冬菌源。

（2）生长期及时修剪，改善风光条件，保持土壤肥沃，排水良好，不偏施氮肥，适当增施磷钾肥。

（3）药剂防治。发病初期喷施20%粉锈宁1500倍液、40%福星乳油8000～10000倍液、12.5%烯唑醇可湿性粉剂3000倍液等。15～30天喷一次，连续喷2～3次。

三、叶斑病

是指叶片组织局部受到侵染导致各种形状斑点的一类病害的总称。叶斑病种类很多，每种观赏植物上都有几种叶斑病。根据病斑色泽、形状、大小、质地等，可分为褐斑病、灰斑病、黑斑病、轮纹病、角斑病、叶枯病等。叶斑病严重影响叶片的光合作用，并导致叶片的提早脱落，影响植物的生长和观赏效果。

叶斑病主要由半知菌亚门丝孢纲、黑盘孢目和球壳孢目真菌引起，少数为子囊菌和细菌引起。真菌性叶斑病病部往往有各种短绒状霉状物和黑色小粒点。细菌性叶斑病在潮湿情况下病部有菌脓，镜检病组织有溢菌现象。叶斑病的症状很相似，诊断时必须结合病原镜检才能确诊。

叶斑病发病一般规律为：病菌主要在病叶（病落叶）上越冬，也可在病梢或种子上越冬。第二年产生分生孢子（细菌性叶斑病产生菌脓）借气流、雨水传播，引起初次侵染，在发病季节中不断产生分生孢子（或菌脓）进行反复再侵染。病害一般在管理粗放，寄主生长衰弱，伤口多及高温高湿、通风透光不良条件下有利发生。

（一）几种主要叶斑病症状、病原及发病规律

图4-20　月季黑斑病

1. 月季黑斑病

（1）症状识别　主要为害叶片，嫩枝和花梗也可受害。叶上产生圆形或近圆形、紫褐色至黑色的病斑，直径1.5～13mm，边缘放射状发毛。病斑上生黑色小点。病斑往往几个连在一起，病部周围叶肉大面积变黄，病叶易脱落（图4-20）。

（2）病原　为蔷薇盘二孢（*Actinonema rosae* （Lib.） Fr.），属半知菌亚门、腔孢菌纲、黑盘孢目、盘二孢属。分生孢子盘生于角质层下，盘下有呈放射状分枝的菌丝；分生孢子长卵圆形或椭圆形，无色，双胞，分隔处略缢缩，二个细胞大小不等，直

或略弯曲；分生孢子梗很短，无色（图4-21）。

（3）发病规律　病菌主要以菌丝体和分生孢子盘在落叶上越冬，也可在病枝上越冬。翌春产生分生孢子，借风雨、浇水传播，直接侵入。病斑上产生分生孢子进行传播再侵染，整个生长季节均可发病。一般梅雨季节、台风季节发病重，夏季病害扩展慢，10月中下旬后逐渐停止发病。温度在24～26℃，相对湿度98%左右，多雨、多露有利发病。不同品种间抗病性有明显差异，一般浅色、花朵小、黄色的品种较感病，色深、红色品种较抗病。

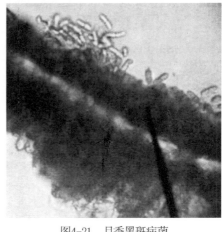

图4-21　月季黑斑病菌
分生孢子盘和分生孢子

2. 山茶灰斑病

（1）症状识别　主要为害叶片，也为害新梢。叶片病斑近圆形或不规则形，中央灰白色，边缘褐色，明显隆起。后期病斑上产生黑色小点，较粗。重时病叶易脱落（图4-22）。

（2）病原　病原菌属半知菌亚门、腔孢菌纲、黑盘孢目、盘多毛孢属、茶褐斑盘多毛孢（*Pestalotia puepini* Desm.）。分生孢子盘生在表皮下，成熟后突破表皮外露，分生孢子纺锤形，有4个横隔，两端的细胞无色，中间3个细胞淡褐色，顶生鞭毛2～5根（图4-23）。

图4-22　山茶灰斑病

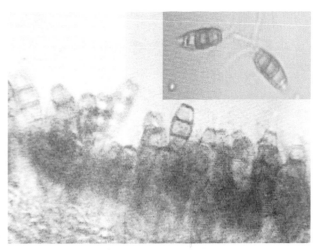

图4-23　山茶灰斑病菌
分生孢子盘和分生孢子

（3）发病规律　病原菌以分生孢子或分生孢子盘、或以菌丝体在病枯枝落叶上越冬。分生孢子由风雨传播，自伤口侵入寄主组织，温室栽培可以周年发病。田间接种实验证明，温度为26℃时分生孢子萌发率最高，是一种高温病菌。该病主要发生在5—10月份。1年有2个发病高峰，即5月至6月初；7月初至8月中旬。10月下旬发生处于停滞状态。

高温、高湿条件是该病发生的诱因；气温和空气相对湿度升高时，病情指数也上升，一般条件下，在降雨5～10天后病情指数增高。管理粗放、日灼、药害、机械损伤、虫伤等造成的大量伤口，均有利于病原菌的侵入。

图4-24　杜鹃褐斑病症状

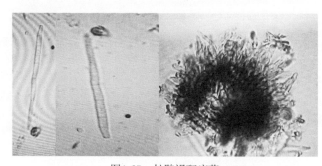

图4-25　杜鹃褐斑病菌

1.分生孢子　2.分生孢梗（丛生）

图4-26　大叶黄杨褐斑病

3．杜鹃褐斑病（杜鹃角斑病）

（1）症状识别　主要为害叶片。病斑圆形或多角形，黑褐色。后期病斑中央灰白色，严重时病斑相连成片，叶片早落。湿时病部正面生有褐色小霉点，背面生灰褐色短绒状霉。

（2）病原　病菌为杜鹃尾孢菌（*Cercospora rhodoendri* Guba.），属半知菌亚门、丝孢菌纲、丛梗孢目、尾孢属。分生孢子梗淡褐色，丛生，顶端膝状，有分隔；分生孢子鞭状，下端粗，上端渐尖、直或稍弯曲，多细胞，成熟后隔膜多。

（3）发病规律　病菌在病叶中越冬。第二年产生分生孢子，借风雨传播，进行初次侵染和再次侵染。高温多雨季节发病严重。温室内全年可发病。土壤黏重，通风透光差，植株缺铁黄化有利发生。品种之间抗病性有差异，西鹃比东鹃感病。

4．大叶黄杨褐斑病

（1）症状识别　病斑近圆形或不规则形，中央黄褐色或灰褐色，边缘褐色隆起，病斑外有一黄色晕圈。病斑上密生黑色霉点。病叶易发黄脱落（图4-26）。

（2）病原　病原菌为坏损尾孢霉（*Cercospora destructive* Rav.），属半知菌亚门、丝孢菌纲、丛梗孢目、尾孢属。

（3）发病规律　病菌在病落叶上越冬。5月中下旬开始发病，8—9月为发病盛期。风雨多的年份发病重，管理粗放，圃地排水不良，扦插苗过密，通风透光不良发病重。春季寒冷发病重。夏季炎热干旱，肥水不足，树势衰弱，生长不良发病重。

5．樱花褐斑穿孔病

（1）症状识别　主要为害叶片，也侵染新梢，多从树冠下部开始，渐向上扩展。发病初期叶正面散生针尖状的紫褐色小斑点，后扩展为圆形或近圆形、直径3～5mm的病斑，褐斑边缘紫褐色，后期病斑背面出现灰褐色霉状物。最后病斑干枯脱落，形成穿孔（图4-27）。

图4-27　樱花褐斑穿孔病

（2）病原　病原为核果尾孢菌（*Cercospora circumscissa*），属半知菌亚门、丝孢菌纲、丛梗孢目、尾孢属。

（3）发病规律　病原菌主要在病落叶上越冬，也可在病梢上越冬，翌年产生分生孢子借助风雨传播，从气孔侵入。每年6月始发，8—9月病重。风雨多的年份病重，树势生长弱时会加重发病。该病除为害樱花外，还可为害桃、李、梅、榆叶梅等植物。

6．紫荆角斑病

（1）症状识别　主要发生在叶片上，病斑呈多角形，黑褐色，后期病斑背面有灰褐色霉状物。严重时叶片上布满病斑，常连接成片，导致叶片枯死脱落（图4-28）。

（2）病原　病原为紫荆尾孢菌（*Cercospora chionea*）。属半知菌亚门、丝孢菌纲、丛梗孢目、尾孢属。

（3）发病规律　病菌在病落叶上越冬，翌年产生分生孢子借助风雨传播侵染。病害高峰期从梅雨开始，7—8月份出现大量病斑，9月份开始落叶。

图4-28　紫荆角斑病

7．蝴蝶兰斑点病

（1）症状识别　主要危害蝴蝶兰的叶片，发病初期叶上有直径约2～3mm的圆形黑褐色斑点，病斑扩大后中央黑褐色，有黄色晕圈。后期会局部或整个组织腐烂（图4-29）。

图4-29　蝴蝶兰斑点病

图4-30　鸢尾轮纹病

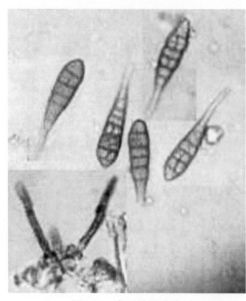

图4-31　鸢尾轮纹病菌
分生孢子梗和分生孢

（2）病原　是一种真菌病害，主要由尾孢属中的一种真菌（*Cercospor sp.*）引起。

（3）发病规律　该病在低温，多湿的天气且通风不良时多发，病部产生孢子进行侵染。

8. 百日草白星病

（1）症状识别　初在叶面上生针头大小的白色小点。逐渐扩大形成圆形、椭圆形或不规则形病斑，中央灰白色，边缘红褐色或紫红色，病斑直径不过6mm。病斑有黑色霉。

（2）病原　属半知菌亚门、丝孢菌纲、丛梗孢目、尾孢属。

（3）发病规律　病菌在病残体及种子中越冬。主要发生在5—10月份，7—9月份发病重。

9. 鸢尾轮纹病（锈斑病、叶枯病）

（1）症状识别　主要为害叶片，初为灰褐色的小斑点，后扩展形成长椭圆形或不规则形病斑，黄褐色至黑褐色，有轮纹。病斑正反面有黑褐色霉状物（图4-30）。

（2）病原　为鸢尾生链格孢（*Alternaria ridicola*（Ell.etEv.）Elliott），属半知菌亚门、丝孢菌纲、丛梗孢目、链格孢属（交链孢属）。分生孢子梗深色，曲膝状，顶端单生或串生分生孢子。分生孢子多胞，具纵、横隔膜成砖格状，分生孢子棒状，黄褐色，顶端有一喙状细胞（图4-31）。

（3）发病规律　病菌在病叶及病茎组织上越冬，翌年条件适宜时产生分生孢子，借风雨传播进行初次侵染和再次侵染。植株栽植过密，氮肥使用过多或温度较高且湿度大时发病严重。

10. 香石竹叶斑病

（1）症状识别　主要为害叶片，也为害茎、花蕾。发病多从下部叶片开始，初生淡绿色水渍状小圆斑，后变紫色，扩大后病斑中央灰白色，边缘褐色，呈圆形、椭圆形或半圆形，3～5mm。数个病斑愈合呈不规则的死亡圈，最后全叶枯死。茎部多在节上发生灰褐色病斑，上部枝叶枯死。病斑上生黑色霉层。

（2）病原　病原菌为香石竹链格孢菌（*Alternaria dianthi* Stev.et Hall.），属半知菌亚门、丝孢菌纲、丛梗孢目、链格孢属。

（3）发病规律　病菌以菌丝体和分生孢子在病株及土中的病残体上越冬，存活期一年。分生孢子借助风雨传播，从气孔和伤口侵入。露地栽培的香石竹发病期为4—11月，一年中发病有两个高峰，梅雨和台风季节，特别是8月下旬—9月上旬发病迅速而严重。温室中全年都可发病。露地比温室栽培发病多；品种间抗性有差异，大花、宽叶、植株柔软的品种比小花、叶细长、植株硬挺的品种发病重；连作发病重。组培苗比扦插苗抗病。

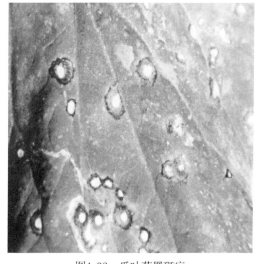

图4-32　瓜叶菊黑斑病

11. 瓜叶菊黑斑病（叶斑病、轮纹病）

（1）症状识别　主要发生开花期的叶片上。病斑圆形或椭圆形，黑褐色，具轮纹。病部生黑色霉。后期病部破裂穿孔状（图4-32）。

（2）病原　病原为半知菌亚门、丝孢纲、丛梗孢目、链格孢属真菌（*Alternaria cineraria* Hor.et Erj.）。

（3）发病规律　病菌以菌丝体在被害植株的病叶、病茎上越冬，种子也可带菌。翌年当环境条件适宜时，形成分生孢子，孢子借气流和水传播，引起初次侵染和再次侵染。下部叶片发病早而严重；气温高湿度大的季节发病重，早春温室由于温度回升快，通风不良，湿度高易引起此病大发生。

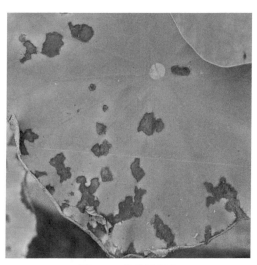

图4-33　荷花黑斑病

12. 荷花黑斑病

（1）症状识别　初期叶片出现褪绿黄斑，叶背面更为明显，以后病斑逐渐扩大，呈圆形或不规则形褐斑或黑色病斑。直径5～15mm。边缘有时具黄绿色晕圈，病斑具同心轮纹，上生黑色霉层。严重时，除叶脉外，整个叶片布满病斑；似火烧一般（图4-33）。

（2）病原　病原为莲链格孢（*Alternaria nelumbii*）. 属半知菌亚门、丝孢纲、丛梗孢目、链格孢属。

（3）发病规律　病菌在病残体上越冬，翌年产生分生孢子借风雨传播，进行初次侵染和再次侵染。孢子萌发适宜温度20～28℃，高温多雨，发病较重。本省5月开始发病，多在7—9月发病严重，遇暴风雨后病害加重。凡夏天水温过高、连作、偏施氮肥、受蚜虫危害等原因都将加重病情。病菌还危害睡莲、碗莲等植物。

13. 菊花褐斑病（黑斑病）

（1）症状识别　褐斑病是菊花叶部主要病害。叶片由下而上发生，发病初期，叶片上出现紫褐色的小斑点，逐渐扩大成为圆形、椭圆形、或不规则形的病斑，褐色或黑褐色。后期，病斑中央组织变为灰白色，病斑边缘为黑褐色。病斑上散生许多黑色小粒点，即病原菌的分生孢子器。重时数个病斑相连成片，整个叶片焦枯（图4-34）。

（2）病原　病原为菊壳针孢菌（*Septoria chrysanthemella* Sacc），属半知菌亚门、腔孢菌纲、球壳孢目、壳针孢属。分生孢子器球形或近球形，褐色至黑色；分生孢子梗短，不明显；分生孢子针状，无色，多胞，有4～9个分隔（图4-35）。

图4-34　菊花褐斑病

图4-35　菊花褐斑病菌
分生孢器和分生孢子

（3）发病规律　病原菌以菌丝体和分生孢子器在病残体上越冬，成为次年的初侵染来源。分生孢子器吸水涨发溢出大量的分生孢子；由风雨传播侵染为害，病菌发育适宜温度为24～28℃。发病期在4—11月份，8—10月份为发病盛期。秋雨连绵、种植密度或盆花摆放密度大、通风透光不良，均有利于病害的发生。连作，或老根留种及多年栽培的菊花发病均比较严重。

14．桂花叶枯病（枯斑病）

（1）症状识别　病斑发生在叶缘或叶尖，病斑红褐色至灰褐色，边缘深褐色，可达全叶一半，卷曲易碎，上生黑色小粒点（图4-36）。

（2）病原　为木犀生叶点霉属（*Phyllosticta osmnthicola* Trinchieri），属半知菌亚门、腔孢纲、球壳孢目、叶点霉属。病叶上的黑色小粒点即为病菌的分生孢子器，分生孢子器近球形，有孔口。分生孢子无色，长圆形至近梭形，单胞（图4-37）。

图4-36　桂花叶枯病

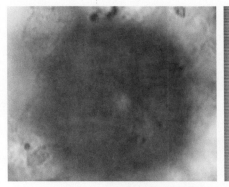
图4-37　桂花叶枯病菌
分生孢子器和分生孢子

（3）发病规律　病菌以菌丝或分生孢子器在病叶、病落叶中越冬。第二年在温湿度适宜时，分生孢子器内产生分生孢子，遇雨露溢出，借风雨传播进行初次侵染和再次侵染。病害发生多在7—11月。温室中病害周年可发生，植株生长衰弱，高温高湿，通风不良有利病害发生。病害在经冬后的老叶上发生较多。植株下部叶片发生较多。

15. 一品红细菌性叶斑病

（1）症状识别　病斑初为针头状小点，扩大后受叶脉限制呈褐色多角形。潮湿时病斑表面有黄色黏液（菌脓），干后呈菌膜粘在病斑上。背面最明显。病叶易脱落，病重时只剩少数几片叶（图4-38）。

图4-38　一品红细菌性叶斑病

（2）病原　由油菜黄单孢杆菌一品红致病变种（*Xanthomonas campestris pv.poinsettiicolae*（Patel）Dye）引起。属黄单胞杆菌属。

（3）发病规律　病原细菌在病叶中越冬，通过雨水和浇水传播。多雨、高湿、多露、高温等条件有利于发病。8—9月份是病害高峰期，秋季移入室内后病害停止发展。品种之间抗病性有差异。

16. 红掌细菌性叶斑病

又名红掌细菌性枯萎病，是红掌的一种毁灭性病害。

（1）症状识别　叶片发病常发生在叶柄与叶相接处，也发生在叶面上。主脉、侧脉常变褐坏死，其周围叶组织有不规则状褐色坏死。叶面上的病斑也多为不规则形，水渍状褐色至黑褐色，稍凹陷。病斑四周均有黄色晕圈。茎受害病斑为黑色、维管束组织变褐坏死。病重时引起叶干枯卷缩、倒挂在茎秆上（图4-39）。

（2）病原　该病由油菜黄单孢杆菌花叶万年青致病变种（*Xanthomonas campestris pv. dieffenbachiae*（Mc Culloch etPirone）Dye）引起。属黄单胞杆菌属。

图4-39　红掌细菌性叶斑病

（3）发病规律　病菌在病残体上越冬；由风雨、昆虫等传播；伤口有利侵入，潜育期3～6天。连阴雨、高湿高温、伤口多、植株长势弱均有利于发病。

（二）叶斑病防治方法

1. 清洁田园。在收获或生长期结束后彻底清除田间的枯枝落叶等残体，去除植物上的病组织，集中烧毁，以减少菌源。

2. 实行轮作（2年以上），盆栽土换用无病土或进行盆土消毒。

3. 在无病株上留用种子、插条等繁殖材料。

4. 重视生态防治。合理密植，合理修剪、整枝，提高通风透光条件。合理浇水，可采用滴灌或沟灌或沿盆壁浇水，避免喷灌，尽量不湿叶片，注意雨后排水，温室栽培要加强通风，降低室内湿度，可控制病害的发生。合理施肥，适当控制氮肥，增施有机肥、磷肥、钾肥，促进植株健壮生长，提高抗病能力。发病初期及时摘除病叶烧毁。

5. 药剂防治。木本花卉在早春发芽前喷3～5波美度的石硫合剂，并对地面进行喷洒。生长期于发病初期及时喷药保护，防治真菌性叶斑病常用的药剂有：65%代森锌可湿性粉剂500倍液；80%大生（代森锰锌）可湿性粉剂600倍液；75%百菌清可湿性粉剂600倍液；53.8%可杀得2000悬浮剂1000～1200倍液；40%福星乳油8000～10000倍液；10%世高（苯醚甲环唑）水分散粒剂2000～3000倍液；50%多菌灵或托布津可湿性粉剂500倍液等。防治细菌性叶斑病可喷施200×10^{-6}农用链霉素，或200×10^{-6}新植霉素，或含铜制剂。10～15天喷一次，连喷2～4次。

6. 选用抗病品种。

四、炭疽病

炭疽病是许多花木的重要病害。如白兰花、梅花、苏铁、海芋、桃叶珊瑚、橡皮树、山茶、含笑、茉莉、八仙花、万年青、君子兰、兰花、仙客来、沿阶草、仙人掌类等均会发生炭疽病。

（一）症状识别

炭疽病可为害叶片、茎、枝梢和果实。叶片上病斑多圆形或椭圆形。茎、枝梢上的病斑多椭圆形或长条形，凹陷。果实上的病斑多圆形，稍凹陷，可引起烂果。病部中央有黑色小粒点，多呈轮纹状排列，在潮湿下病部常有粉红色或橘红色黏液（图4-40～4-47）。

图4-40　桃叶珊瑚炭疽病

134

图4-41　仙客来炭疽病

图4-42　君子兰炭疽病

图4-43　兰花炭疽病

图4-44　虎皮兰炭疽病

图4-45　橡皮树炭疽病

图4-46　仙人球炭疽病

图4-47　毯兰炭疽病

（二）病原

炭疽病为半知菌亚门、腔孢纲、黑盘孢目、炭疽菌属（*Colletotrichum*）真菌引起。病部黑色小粒点为病原菌的分生孢子盘，分生孢子盘生于寄主表皮下，成熟后突破表皮，分生孢子盘垫状或盘状，黑色或黑褐色，盘上有黑色的刚毛或无，分生孢子梗无色，短棒状，长短不一，上生分生孢子，分生孢子无色，单胞，长椭圆形或新月形（图4-48）。

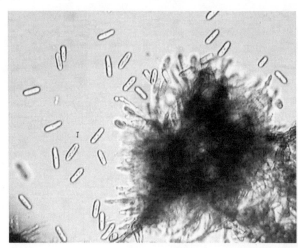
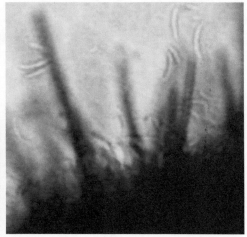
图4-48　炭疽病菌
分生孢子盘和分生孢子

（三）发病规律

病菌在病残体、病枝条及种子、种球上越冬。翌年产生分生孢子通过风雨、灌溉水传播引起初次侵染，以后病部又产生分生孢子进行多次再侵染。病菌多从自然孔口或伤口侵入，也可从幼嫩部位直接侵入。

高温高湿，多阴雨或多露多雾有利发病。一般梅雨季节及秋季多雨发病严重。栽植过密，通风透光不良，光照不足，土壤贫瘠黏重，氮肥过多均会加重发病。

（四）防治方法

1．清除病株残体烧毁。实行轮作或更换无病土。

2．选用抗病品种。

3．选用无病繁殖材料或种子消毒。种子播种前用55℃温水浸种10～15分钟，冷水中降温后催芽，或用50%多菌灵500倍液浸种1小时，或80%炭疽福美200倍液浸种4小时，洗净催芽播种。

4．加强栽培管理，控制病害发生。控制栽植密度或盆花摆放密度，及时修剪，以利于通风透光，降低湿度；增施有机肥和磷钾肥，氮肥适量；浇水勿过多，以渗灌、滴灌为好，雨季注意排水；防冻防日灼等创伤，减少从伤口侵入机会。

5．药剂防治。木本植物休眠期喷洒3～5波美度石硫合剂。发病初期及时喷70%代森锰锌800倍液，25%施保克（咪鲜胺）乳油1000倍液，80%炭疽福美700～800倍液，或25%炭特灵乳油300～400倍液，或50%翠贝（醚菌酯）干悬浮剂3000倍液。其他药剂参照叶斑病防治。每隔7～10天喷1次，连续喷3～4次，要交替使用不同类型的药剂，或混合用药。

五、灰霉病

灰霉病是保护地花木的一类重要病害，尤以草本花卉更严重，几乎每种草本花卉都会被感染。

（一）症状识别

幼苗到成株期，植株地上部叶、茎、花、果均可受害，造成苗腐、叶枯、枝枯、花腐、果腐。在潮湿情况下，病部表面均长满灰色霉层。叶片多从叶尖、叶缘开始向里形成"V"形褐色病斑或在叶片上形成圆形或梭形褐色病斑，有轮纹（图4-49～4-55）。

图4-49 四季海棠灰霉病

图4-50 一串红灰霉病

图4-51　非洲菊灰霉病

图4-52　金盏菊灰霉病

图4-53　橡皮树灰霉病

图4-54　鹤望兰灰霉病

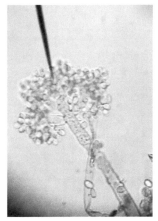
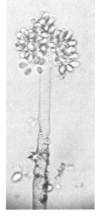

图4-55　仙客来灰霉病　　　　　　　　　　图4-56　灰霉病菌
分生孢子梗和分生孢子

（二）病原

灰霉病的病原菌属半知菌亚门、丝孢纲、丛梗孢目、葡萄孢属真菌。大多为灰葡萄孢菌（*Botrytis cinerea* Pers et Fr.）。分生孢子梗细长，有横隔，灰色到褐色，近顶端树枝状分枝，分枝末端膨大呈球形，上生许多小梗，分生孢子单胞，成熟时灰褐色，未成熟时无色，椭圆形或卵圆形，聚生在小梗上成葡萄穗状（图4-56）。

（三）发病规律

病菌以菌核、分生孢子及菌丝随病残体在土壤中越冬，成为第二年的初次侵染源。病菌借气流、雨水及农事操作进行传播，当田间发病后，病部产生的分生孢子不断进行再侵染，特别是病果、病叶、病花采摘后随意扔弃更有利传播。病菌从伤口或残花等生活力衰弱的器官和部位侵入。

较低的温度、高湿和光照不足是灰霉病发生流行的重要条件。温度在20℃左右，相对湿度在90%以上发病最重。当温度高于30℃或低于4℃，湿度在90%以下时，病害停止蔓延。因此，棚、室栽培过于密植，氮肥施用过多，灌水过多，棚膜滴水，叶面结露，通风不良，湿度高，温度偏低，易严重发生。此外，灰霉病菌是弱寄生菌，植株上的衰败组织不及时摘除，如老叶、冻伤的组织、开败的花器以及其他的坏死组织易被感染，会加重发病。

（四）防治方法

1. 加强通风透光，降低湿度。这是控制灰霉病发生发展的重要措施。温室、大棚管理上日出后先闭棚增温保持较高的温度，使相对湿度下降；待温度上升到28℃以上时，开始放风，下午适当延长放风时间，加大放风量，减少棚内湿度；夜间再保持稍高温度，可降低相对湿度，要避免在阴天和夜间浇水，最好在晴天的上午浇水，浇水后应通风排湿。把相对湿度控制在75%以下，可有效地控制灰霉病发生。及时整枝绑蔓，摘除植株下部老叶，增加株间通风透光。

2. 减少菌源。病田应深翻土壤，大棚温室夏季利用日光进行高温闷棚，消灭土壤中病菌。种植过有病花卉的盆土，必须更换掉或者经消毒之后方可使用。花卉生长期间及时清除病叶、病花等病残体集中销毁或深埋，减少菌源。

3. 及时施药防治。从发病初期开始定时施药防治，棚室内可选用15%速克灵烟剂或灰霉净烟剂或一熏灵Ⅱ号每100m²用37.5g熏烟，按4～5点均匀分布在棚室内，于傍晚点燃着烟后关闭棚室，次日早晨通风。或喷施75%好速净可湿性粉剂500～600倍液、40%施佳乐（嘧霉胺）悬浮剂800～1200倍液、50%农利灵可湿性粉剂1000倍液、50%扑海因可湿性粉剂1000～1500倍液、65%硫菌·霉威可湿性粉剂800～1000倍液或50%多霉灵可湿性粉剂800倍液。每隔7～10天防治1次，连续施2～3次。由于灰霉菌易产生抗药性，应注意轮换用药或混用。

六、霜霉病

（一）症状识别

主要为害叶片，月季还可为害新梢和花，紫罗兰还可为害嫩梢、花梗和花。叶片上病斑呈不规则形、黄褐色或淡褐色、边缘不明显。霜霉病最主要的特征是在湿度大时，在叶片病斑背面或其他受病部位长有霜状霉层，霜霉一般为白色或灰白色。病重时叶片上的病斑相互愈合成片，最后全叶枯黄而死（图4-57～4-60）。

图4-57　葡萄霜霉病病叶正反面症状

图4-59　向日葵霜霉病（叶背）

图4-58　十字花科霜霉病（叶背）

图4-60　月季霜霉病

（二）病原

霜霉病由鞭毛菌亚门霜霉菌侵染引起。病菌孢子囊无色，卵圆形，着生在孢囊梗上，孢囊梗无色，有各种分枝。分枝方式是霜霉菌分属的重要依据。其中引起花卉霜霉病的主要有霜霉属，孢囊梗二叉状分枝，分枝末端尖细，如十字花科霜霉病菌、月季霜霉病菌等；单轴霉属，孢囊梗单轴分枝，分枝与主轴呈直角，如葡萄霜霉病菌、葵花霜霉病菌等（图4-61）。

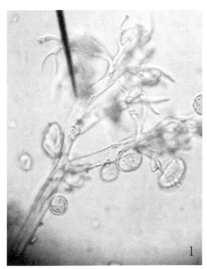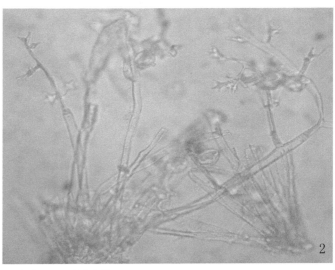

图4-61　霜霉病菌
1.十字花科霜霉病菌孢囊梗和孢子囊　2.葡萄霜霉病菌孢囊梗和孢子囊

（三）发病规律

病菌在田间或保护地病株及卵孢子随病残体在土壤中越冬，也可粘附在种子上越冬。越冬病菌翌春初次侵染田间寄主引起发病，以后病部产生孢子囊，主要借风雨传播，不断进行再次侵染，使病害扩大蔓延。

霜霉菌不耐低温，不抗高温，喜温和温度和高湿条件。孢子囊萌发要求较低的温度，病菌侵入后菌丝生长则要求较高的温度。昼夜温差大结露时间长或多遇阴雨天，或温室中灌水过多，通风不良相对湿度大，有利发病。春秋季发病严重。品种之间的抗病性差异明显。

（四）防治方法

1．选用抗病品种。

2．减少和消灭菌源。应从无病株留种，带菌种子可用种子重量0.3%的35%瑞毒霉拌种。收获后彻底清除田间病残体，随即深翻土壤。重病地有条件与非寄主进行2～3年的轮作。田间初见病株及时拔除或摘除病叶。

3．控制好温湿度。栽植密度要适宜，避免过密。严禁大水漫灌，采用滴灌、膜下软管灌等灌水方式为好。灌水宜在晴天上午灌，温度高时可在清晨灌，保护地灌水后闭棚提温然后通风排湿。防止昼夜温差过大。

4. 初见发病及时用药防治。 药剂有：58%瑞毒霉锰锌可湿性粉剂500倍液、40%乙磷铝可湿性粉剂200～250倍液、64%杀毒矾可湿性粉剂400倍液、72%克露可湿性粉剂600～800倍液、72.2%普力克水剂800～1000倍液，隔7～10天喷1次，连续喷3～4次。棚室每次喷药后要结合放风，降低棚内湿度，可收到较好的防效。或采用45%或30%百菌清烟剂熏烟。

七、疫病

（一）症状识别

图4-62　百合疫病

图4-63　凤梨疫病

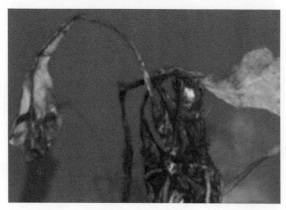

图4-64　非洲菊疫病

苗期至成株期均可发生，根、茎、叶、果均可受害，引起根腐、茎基腐、茎腐、果腐及枝叶萎蔫等。病斑多水渍状暗绿色或褐色，边界不明显，潮湿时病部有白色霉层，病害发展迅速。

1. 百合疫病　全株（包括花器、叶片、茎、茎基部、鳞茎、根）均可发病。感病花器枯萎、凋谢，其上长出白色霉状物；叶片初现水浸状，而后枯萎；茎部与茎基部组织初现水浸状斑，而后变褐、坏死、缢缩，染病处以上部位完全枯萎。鳞茎褐变，坏死。根部变褐，腐败（图4-62）。

2. 凤梨疫病　该病常引起全株枯萎，是一种毁灭性病害。该病为害叶片和茎。发病初期外侧叶片基部出现水渍状斑块，浅褐色至深褐色，病斑向上扩展快。发病后期叶下部大面积腐烂，褐色，并导致其他叶片发病，病重时全株枯死，保湿后病部出现稀疏霉层（图4-63）。

3. 非洲菊疫病　植株整个生育期均可受害，病菌从近地面茎基部侵染，向下延长到根部，受害部位变软，水渍状，浅黑色，植株叶片突然萎蔫，变为紫红色，拔病株时病部易折断，最后根部皮层糜烂脱落，浮现变色的中柱，湿润时，外表可长出稀疏的白色霉（图4-64）。

4. 大岩桐疫病　叶片产生水渍状暗褐色病斑，向叶柄、茎秆扩展，叶片软腐，形成较大的水渍状凹陷狭窄斑，植株矮化枯萎。严重时球茎凹陷，变成黑褐色软腐，根也变黑（图4-65）。

5.冬珊瑚疫病　叶片产生水渍状不规则形褐色病斑，萎蔫下垂。茎和果实呈水渍状腐烂，湿度大时病部长出白色絮状霉层。

（二）病原

疫病的病原属于鞭毛菌亚门疫霉菌属真菌。主要有寄生疫霉（*Phytophthora paraitica* Dastur）和隐地疫霉（*Phytophthora cryptogea* Pethybridge&Lafferty）。孢囊梗由无隔菌丝分化而来，一般不分枝，细长，无色。孢子囊椭圆形或圆形，无色，顶端有乳头状突起或无（图4-66）。

（三）发病规律

病菌主要随病残体在土壤中越冬，并能在土壤中长期存活。是一种土传病害。田间发病后又产生大量孢子囊进行反复再侵染。高温高湿有利发病，重茬地发病早而重，浇水过多，土质黏重，排水不良发病重。

图4-65　大岩桐疫病

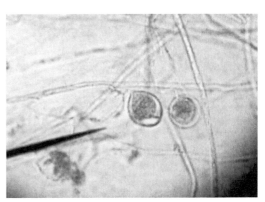

图4-66　疫病菌
孢囊梗、孢子囊和无隔菌丝

（四）防治方法

1.用无病土育苗或苗床土壤消毒。实行轮作（3年以上），盆栽花卉应换用无病土。

2.采用高畦地膜覆盖栽培，合理密植，控制湿度。雨季及时排水，控制浇水量；棚室内加强通风，防止造成高温高湿。

3.药剂防治。发病初期可用58%瑞毒霉锰锌可湿性粉剂500倍液、40%乙磷铝可湿性粉剂200～250倍液、64%杀毒矾可湿性粉剂400倍液、72%克露可湿性粉剂600～800倍液、72.2%普力克水剂800～1000倍液，每隔7～10天喷施1次，连续喷2～3次。

八、病毒病

病毒病是花卉重要的一类病害，仅次于真菌性病害，几乎每种花卉上都有病毒病的发生。

植物被病毒侵染后症状表现大多为全株性，但茎尖和根尖分生组织不带毒。无病征，易同生理性病害相混淆，但病毒病有传染性，多分散呈点状分布，生理性病害无传染性，较集中呈片状发生。病毒病的症状类型主要有花叶、明脉、黄脉、斑驳、黄化、碎色花等变色类型和植株矮缩、丛枝、叶片皱缩、小叶、蕨叶等畸形类型，还有黄斑、枯斑、黄条斑、枯条斑等类型，通常表现为复合症状。有的不表现症状成为带毒者，有的在高温或低温下成为隐症，同时一种植物上几种病毒常发生复合感染，症状变化很大。

病毒在自然界中主要通过汁液接触传、嫁接传、刺吸式口器昆虫传、土壤中的线虫、真菌等介体传，无性繁殖材料（接穗、砧木、块根、块茎、鳞茎、球茎、压条、根蘖、插条等）是病毒另一重要的传播途径，少数可通过花粉和种子传。

（一）主要花卉病毒病及其发病规律

1．香石竹病毒病

（1）症状识别 主要表现为花叶和碎色花，有些叶片上产生轮纹状或环状坏死斑或条斑，有的则不现症状或轻微斑驳（图4-67）。

图4-67 香石竹病毒病

图4-68 郁金香碎色病

（2）病原 由香石竹叶脉斑驳病毒、坏死病毒、潜隐病毒和蚀环病毒等引起。

（3）发病规律 主要通过汁液接触传、桃蚜传和带毒的插条传。

2．郁金香碎色病

（1）症状识别 叶片出现浅绿色或灰白色的条纹或花叶。红花和紫花品种花瓣碎色，即出现淡黄或白色条斑或不规则斑。病株矮小，鳞茎变小退化（图4-68）。

（2）病原 由郁金香碎色病毒（TBV）引起。

（3）发病规律 主要通过汁液接触、蚜虫和带毒的鳞茎传播。寄主范围广，能侵害山丹、百合、万年青等多种花卉。

图4-69 百合潜隐花叶病

3．百合潜隐花叶病

（1）症状识别 症状有两种，一种是表现轻花叶或病状不明显；另一种是叶上生深浅不均的褪绿斑或枯斑，植株矮小，叶片卷曲（图4-69）。

（2）病原 由百合潜隐花叶病毒和黄瓜花叶病毒（CMV）引起。

（3）发病规律 通过汁液接触、蚜虫和带毒的鳞茎传。百合潜隐花叶病毒寄主仅限于百合科。黄瓜花叶病毒的寄主很广，可侵染多种花卉，许多蔬菜和杂草都是该病毒的毒源植物。

4．菊花花叶病

（1）症状识别　叶片呈花叶或产生坏死斑或只表现轻花叶或无症状（图4-70）。

（2）病原　为菊花B病毒（CVB）。

（3）发病规律　通过汁液接触传、蚜虫传和带毒的插条传。菊花B病毒除为害菊花外，还能使矮牵牛、烟草、瓜叶菊、百日草、野菊、金鱼草、金盏菊、翠菊、昆诺阿藜、茼蒿和蜡菊以及罗纳菊等植物发病。

5．菊花矮化病

（1）症状识别　植株矮小，叶片、花变小，黄色花、粉色花、红色花的色泽减退。感病植株一般提前开花（图4-71）。

（2）病原　为菊花矮化类病毒（CSV）

（3）发病规律　主要通过汁液接触传和带毒插条传，种子和菟丝子也能传毒，但蚜虫和其他昆虫不能传播。菊花被类病毒侵染后，要经过6～8个月开始表现症状。寄主除菊花外，还为害野菊、大丽花、瓜叶菊、百日草。

6．大丽花花叶病

（1）症状识别　主要表现花叶和明脉，有时病状可隐退，条件适宜时又会显现。植株矮小，黄化，花朵小，且很快枯萎凋谢（图4-72）。

（2）病原　为大丽花花叶病毒（DaMV）。

（3）发病规律　通过嫁接、叶蝉、蚜虫传和无性繁殖材料传播。汁液接触难传播。

7．唐菖蒲花叶病

（1）症状识别　叶片呈花叶或产生褪绿斑点，后变成长条斑，病叶扭曲，植株矮小黄化。有些品种出现碎色花（图4-73）。

图4-70　菊花花叶病

图4-71　菊花矮化病

图4-72　大丽花花叶病

图4-73　唐菖蒲花叶病

（2）病原　为黄瓜花叶病毒（CMV）和菜豆花叶病毒（BYMV）

（3）发病规律　两种病毒都通过汁液接触、蚜虫和带毒的球茎传播。两种病毒寄主都较广。

8．美人蕉花叶病

图4-74　美人蕉花叶病

（1）症状识别　叶片产生与叶脉平行的褪绿、断续的条纹，呈花叶。条纹逐渐变为褐色坏死，叶片沿着坏死部位撕裂破碎。有些品种上出现花瓣杂色斑点或条纹，呈碎色花。发病严重时心叶畸形，植株矮化，花穗抽不出或短小，花少，花小（图4-74）。

（2）病原　为黄瓜花叶病毒。

（3）发病规律　通过汁液接触、蚜虫和带毒的母株或块茎传播。

9．月季花叶病

（1）症状识别　症状因月季品种而异，有些表现为花叶、有些为系统性环斑、褪绿斑、有些为黄脉、叶畸形或植株矮化（图4-75）。

（2）病原　主要为月季花叶病毒（RMV），还有苹果花叶病毒、南芥菜花叶病毒等。

（3）发病规律　通过嫁接、汁液接触和蚜虫传播。

10．仙客来病毒病

（1）症状识别　病株叶片皱缩或有斑驳，叶缘向下或向上卷曲，叶片小且厚，质脆，叶片黄化，有时叶脉出现梭形突起物或叶面上产生疣花畸形，花少，花小，有时抽不出花梗，植株矮

图4-75　月季花叶病

状物。纯一花的花瓣上产生条纹或斑点，化，球茎退化变小（图4-76）。

图4-76　仙客来病毒病

（2）病原　为黄瓜花叶病毒，有人发现烟草花叶病毒（TMV）也能感染，或两者复合感染。

（3）发病规律　病毒主要通过汁液、蚜虫、叶螨及带毒种球、种子传播。种子带毒率可高达82%。

（二）病毒病防治措施

1. 选用抗病品种。

2. 在无病株上选留繁殖材料。

3. 清除周围野生毒源寄主植物，花卉种植地尽量远离桃园、蔬菜地等毒源植物。发现病株立即拔除。

4. 防治传毒介体。应及早做好防治蚜虫、叶蝉、蓟马等刺吸害虫。

5. 防止园艺操作过程中的接触传。操作过程中先操作健康的，再处理有病的，用过的工具、手应用3%～5%磷酸三钠或肥皂水消毒。

6. 采用茎尖培养或热处理脱毒（如菊花、月季在37～38℃下处理1～2个月，鳞茎放在43～45℃温水中处理1.5～3小时），获得无毒苗。带毒种子用70℃的高温进行干热处理脱毒。

7. 在茎尖培养脱毒的基础上建立无毒的留种基地，提供商品用种。

8. 发病前（苗期）接种疫苗S52和N14。分别对黄瓜花叶病毒和烟草花叶病毒引起的病毒病有良好的预防作用。

9. 发病初期喷3.95%病毒必克水乳剂500倍液、20%病毒A可湿性粉剂500倍液，或1.5%植病灵乳剂1000倍液，或抗毒剂1号水剂250～300倍液或83增抗剂100倍液。

子情境2　枝干部病害

无论是草本花卉的茎，还是木本花卉的枝条或主干，在生长过程中也会遭受各种病害的危害。虽然花卉茎干病害种类不如叶、花、果病害多，但其危害性很大，轻者引起枝枯，重者导致整株枯死。

一、枯萎病

枯萎病是植物的重要病害，观赏植物中葫芦科、茄科、香石竹、菊花、翠菊、万寿菊、非洲菊、百合、唐菖蒲等都有枯萎病发生。

（一）症状识别

枯萎病从苗期到成株期均可发病，幼苗被害茎基部变褐枯死，但以成株期发生为主。病株枝叶由下而上逐渐黄化萎蔫，茎基部水渍状黄褐色至黑褐色，潮湿时病部表面生白色或粉红色霉状物。剖开病株茎基部，可见维管束变褐色，这是枯萎病重要的特征（图4-77～4-81）。

图4-77　菊花枯萎病

图4-78　百合枯萎病

图4-79　非洲菊枯萎病

图4-80　番茄枯萎病（维管束变褐色）

图4-81　西瓜枯萎病（维管束变褐色，茎基部有粉红色霉）

148

（二）病原

由半知菌亚门镰刀菌属的尖孢镰刀菌（*Fusarium oxysporum*）侵染所致。病菌有许多专化型的分化（同一种病原菌对不同种或不同属的植物寄生性和致病性不同的类型，称专化型），不同植物上的枯萎病菌分别属于不同的专化型。分生孢子有大小两型：小型分生孢子卵形至长椭圆形，无色单胞，大型分生孢子镰刀形两端尖，无色，有2～5个分隔（图4-82）。

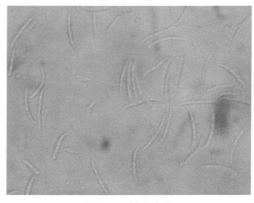

图4-82 枯萎病菌
镰刀形分生孢子及小型分生孢子

（三）发病规律

枯萎病是一种土传病害，病菌在土壤中可存活5～6年，甚至10年以上。病菌也可在病残体及未腐熟的带菌肥料中越冬，种子也可带菌，但带菌率很低。病菌主要通过根部伤口侵入，也可直接从根毛顶部细胞间侵入。侵入后先在薄壁组织中生长蔓延，然后进入维管束，在导管内发育，堵塞导管或分泌毒素使导管细胞中毒，影响水分运输使植株萎蔫。病菌有潜伏侵染现象，即幼苗可被侵染但不表现症状，待定植后遇适宜条件时才表现症状。

重茬发病重，重茬次数越多，土壤中积累的菌量越大，发病越重。土壤温、湿度是影响发病的重要条件，土温在24～30℃，土壤含水量高或忽高忽低，有利病菌侵入，病害发展快。酸性土壤（pH4.5～6）、土质黏重，地势低洼，排水不良，偏施氮肥，施用未腐熟肥料及地下害虫、线虫发生多的地块，均有利于发病。

（四）防治方法

1．发病重的地块应与非寄主作物轮作5年以上，或推广无土栽培，可杜绝枯萎病等土传病害的为害。

2．选用无病种子及其他繁殖材料。种子带菌可用55℃温水浸种15分钟，或50%多菌灵500倍液浸种1小时（种球也可用）。

3．选用抗病品种。品种之间抗枯萎病有一定差异。

4．培育无病壮苗。用新土或消毒过的土壤作营养钵育苗，可减少苗期病菌侵染，同时可减少移苗伤根。

5．土壤消毒。苗床消毒，每平方米用50%多菌灵可湿性粉剂8g与15kg干细土配成药土处理床面。定植前用50%多菌灵每公顷30kg，拌干细土750kg配成药土，施于定植穴内。也可在夏季高温季节，利用日光进行土壤消毒。

6．发病前或发病初期药剂灌根。可用40%拌种双可湿性粉剂400～600倍液，或10%双效灵水剂200倍液，或2%农抗120水剂200倍液，40%根腐宁可湿性粉剂或70%根腐灵可湿性粉剂400～500倍液，或50%多菌灵可湿性粉剂或70%甲基托布津可湿性粉剂500倍液，或5%菌毒清水剂300倍液灌根，每株灌药液250ml。隔7天灌1次，连续灌2～3次。

据报道，40%福星乳油8000倍液、10%世高水分散剂1000倍液、50%福美双可湿性粉剂1000倍液或三种药剂任选两种混用有良好的抑制作用。

二、细菌性枯萎病

常见有茄科青枯病、菊花青枯病、大丽花青枯病、鹤望兰青枯病、香石竹细菌性枯萎病等。

（一）症状识别

枝叶失水萎蔫，根部变褐腐烂，维管束变褐色，横切茎基部，用手挤压切面有浑浊菌脓流出（图4-83～4-85）。

图4-83　大丽花青枯病

图4-84　菊花青枯病

病茎维管束变褐

菌脓

图4-85　番茄青枯病

（二）病原

细菌性枯萎病大多由假单胞杆菌（*Pseudomons*）侵染引起。

（三）发病规律

细菌性枯萎病为土传病害，病原细菌随病残体在土壤中越冬，并能在土壤中存活2年以上，甚至7年之久。病菌从根部及茎基部伤口侵入，主要通过雨水和灌溉水传播，农具、昆虫、线虫、田间作业等也可传病。

高温高湿环境和微酸性土壤有利于青枯病、香石竹细菌性枯萎病发生。病菌生长最适温度30～37℃，最高41，最低10℃。适宜pH为6.6。一般土温20℃左右开始出现少量病株，土温上升到25℃时进入发病盛期。土壤含水量达25%以上时，有利于发病。一般久雨后转晴，土温骤升会造成病害严重发生。

（四）防治方法

1. 实行轮作。重病地应与非寄主作物轮作3～5年。

2. 调节土壤酸度。结合整地，撒施适量石灰使土壤呈微碱性，一般每公顷施石灰1500kg。

3. 用无病土育苗，培育壮苗。移植时少伤根。农家肥料要充分腐熟，增施磷钾肥及喷洒0.001%硼酸液作根外追肥，可提高抗病能力。

4. 在无病地植株上采用繁殖材料。发现病株立即拔除销毁，病穴撒石灰处理。

5. 药剂防治。定植时用青枯病拮抗菌MA-7、NOE-104浸根，发病初期可用0.15～0.2g/L农用链霉素或新植霉素、或14%络氨铜水剂300倍液，或53.8%可杀得悬浮剂1000～1200倍液，50%琥胶肥酸铜可湿性粉剂500倍液，或1∶1∶100的波尔多液灌根。每株灌250～500ml，10天灌1次，连续3～4次。

6. 嫁接防病。选用抗病的种或品种作砧木采用劈接、靠接或针接法嫁接。

三、细菌性软腐病

该病可为害多种植物。观赏植物中，君子兰、蝴蝶兰、鸢尾、风信子、仙客来、花叶芋等肉质多汁的花卉上发生较普遍。

（一）症状识别

本病的共同特点是病部初期呈水渍状，很快向四周及深处扩展，病部软腐黏滑，并伴有恶臭。不同植物发病部位和症状有所不同。鸢尾主要是球根或根茎软腐，地上部发黄易拔起。君子兰发生于茎基和叶片，引起基部腐烂、脱帮和叶枯。蝴蝶兰发生于植株基部、叶片基部及心叶上，呈水渍状腐烂。风信子、仙客来主要是鳞茎、球茎、叶柄及花梗基部腐烂（图4-86～4-88）。

图4-86　君子兰细菌性软腐病

图4-87　蝴蝶兰细菌性软腐病　　　　　　　　　图4-88　仙客来细菌性软腐病

（二）病原

细菌性软腐病的病原为欧文氏杆菌属（*Erwinia*）细菌，主要有胡萝卜软腐欧文氏杆菌（*Erwinia carotovora*）、菊欧文氏杆菌（*Erwinia chrysanthemi*）等。

（三）发病规律

病菌在田间病株、土壤和肥料的病残体及一些害虫体内越冬。通过雨水、灌溉水、带菌肥料、昆虫等传播。从寄主植物的伤口侵入。

病菌生长发育温度为2～40℃，最适温度为25～30℃，温度高，湿度大，发生严重。浇水过多，害虫为害伤口多，有利发病。重茬，地势低洼，土壤黏重，地面积水，土壤缺少氧气，发病重。施用未腐熟有机肥，追肥不当烧根，发病明显加重。

（四）防治方法

1．避免寄主作物连作，收获后彻底清除病残体烧毁，及早翻地，促进病残体腐烂分解。病害严重的土壤可用0.5%～1%福尔马林10ml/m²进行消毒后再种植，盆栽土进行换土或用高温消毒后种植。用过的花盆和污染的工具要用1%硫酸铜液或沸水浸泡消毒后再用。

2．从无病地健株上留用种球，并及时采收晾干贮藏。

3．高畦栽培，实行沟灌或滴灌，严防大水漫灌和串灌，控制土壤含水量。施用充分腐熟的肥料，防止追肥烧根。

4．发现病株及时拔除或剪除病叶销毁，并撒石灰消毒。

5．减少伤口。防治害虫，农事操作中要精心，尽量减少机械伤。种球挖掘时要避免造成伤口。

6．发病初期及时施药防治。药剂可用0.2～0.4g/L农用链霉素或新植霉素，或14%络氨铜水剂300倍液，或53.8%可杀得悬浮剂1000～1200倍液，喷洒全株或植株基部和地面或灌根，视发病情况而定，隔10天1次，连续防治2～3次。

四、菌核病

可为害多种植物，如菊花菌核病、雏菊菌核病、矢车菊菌核病、非洲菊菌核病、向日葵菌核病、香石竹菌核病、小苍兰菌核病、二月兰菌核病、紫罗兰菌核病、天竺葵菌核病、葱兰菌核病等。

（一）症状识别

主要发生在成株期，茎叶花果均可受害。以茎秆中下部为害最多，多发生于茎基部、分枝及叶片着生处，初期为水渍状浅褐色，后变灰白色或灰褐色，潮湿时病部腐烂，病茎中空，表面生灰白色菌丝，后期病茎内外有鼠粪状菌核，上部枝叶发黄枯死。叶、花受害，潮湿时呈水渍状腐烂，表面也有灰白色菌丝，也会产生黑色菌核（图4-89～4-91）。

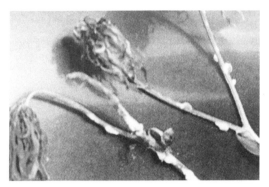

图4-89　菊花菌核病

图4-90　葱兰菌核病

图4-91　二月兰菌核病

（二）病原

菌核病的病原属子囊菌亚门核盘菌属（Sclerotinia）真菌。菌核萌发产生子囊盘，子囊盘有柄，子囊盘上生子囊，子囊长筒形，无色，内生8个子囊孢子，子囊孢子单胞，无色，椭圆形（图4-92）。

（三）发病规律

病菌主要以菌核遗留在土壤中或混杂在种子及寄主残秸中越冬。土中的菌核多数于第二年3—4月萌发产生子囊盘和子囊孢子借气流

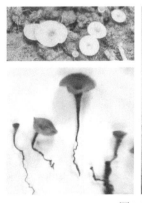
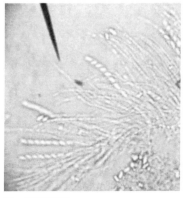

图4-92　菌核病菌
左：菌核萌发的子囊盘子　右：子囊、子囊孢子和侧丝

传播到寄主上，从基部衰老的叶片、伤口、残花等生命力弱的组织侵入引起发病。再通过病、健部接触，反复引起再侵染。

低温高湿病害，气温在10～15℃，雨水充沛，湿度高，通风不良发病重，露地春季易发生，保护地晚秋到早春容易发生和流行。连作地发生重。

（四）防治方法

1．及时清除病株残体烧毁，病田深翻土壤，将菌核翻到深层使不易萌发出土，或炎夏灌水10天以上，杀死菌核。

2．汰除种子间混杂的菌核。

3．覆盖地膜，可阻止子囊盘出土释放子囊孢子，减轻发病。

4．加强大棚、温室中的温湿度管理。棚室上午应以闷棚提温为主，下午及时放风排湿。发病后可适当提高棚室内夜间温度，以减少结露。防止过量浇水。早春棚室温度控制在28～30℃，相对湿度70%以下，可减少发病。

5．药剂防治。田间出现子囊盘时或发病初期及时施药防治。保护地花卉可用15%速克灵烟剂每100m²用37.5g熏烟，按4～5点均匀分布在棚室内，于傍晚点燃着烟后关闭棚室，次日早晨通风。或喷施50%速克灵可湿性粉剂1500～2000倍液；50%农利灵可湿性粉剂1000倍液；50%扑海因可湿性粉剂1000～1500倍液。每隔10天防治1次，连续用2～3次，注意喷洒植株基部和地面。茎秆发病也可用50%速克灵50～100倍液涂抹患部。

五、月季枝枯病

（一）症状识别

为害茎秆，发病初茎上出现红色小斑点，逐渐扩大，斑点中央变浅褐色，边缘呈红褐色或紫色。病斑上有许多黑色小点，即病原菌的分生孢子器。病斑皮层常出现小的纵向裂缝。病斑绕茎一周时，上部枝叶枯死（图4-93）。

（二）病原

病原菌属半知菌亚门、腔胞纲、球壳孢目、盾壳霉属，蔷薇盾壳霉（*Coniothyrium fucklii* Sacc.）。分生孢子器生于寄主植物表皮下，黑色，扁球形，具乳突状孔口；分生孢子梗较短，不分枝，单胞，无色；分生孢子小，浅黄色，单胞，近球形或卵圆形（图4-94）。

图4-93　月季枝枯病

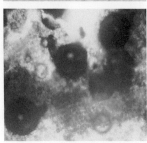

图4-94　月季枝枯病菌
分生孢子器和分生孢子

（三）发病规律

病菌以菌丝和分生孢子器在枝条的病组织中越冬。翌年春天，在潮湿情况下分生孢子器内的分生孢子大量涌出，借雨水融化，风雨传播，成为初侵染来源。病菌为弱寄生菌，从伤口侵入寄主。管理不善、过度修剪、生长衰弱、伤口多的植株发病重。潮湿的环境，或受干旱，有利于发病。

（四）防治方法

1. 及时修剪病株并烧毁，修剪宜在晴天进行，使伤口干燥易愈合。修剪口可用1%硫酸铜液消毒，再涂波尔多浆保护。

2. 加强管理，增强树势。

3. 药剂防治。可喷施75%百菌清700倍液，或50%多菌灵500倍液。

六、竹丛枝病

（一）症状识别

病枝细长，叶形变小，并产生大量分枝，以后逐年产生大量分枝，节间缩短，枝条越来越细，叶片呈鳞片状，细枝丛生呈鸟巢状。4—6月在病枝顶端的叶鞘内产生白色米粒状物，为病菌的子座，分生孢子器生于其内。9—10月也可产生少量米粒状物（子囊壳生于一侧）。病重的植株生长衰弱，逐渐枯死（图4-95）。

（二）病原

为子囊菌亚门竹丛枝瘤座菌〔*Balansia take* (Miyake) Hara〕。目前有人研究发现可能由瘤座菌真菌、类菌原体（MLO）、类细菌混合侵染引起。

图4-95 竹丛枝病

（三）发病规律

病菌在病枝上越冬，从新梢的心叶喇叭口侵入生长点，5月上中旬—6月上中旬为侵染盛期。在管理粗放、生长不良、植株过密竹林内病害容易发生。

（四）防治方法

1. 做好园艺防治。新建竹园时防止带入有病母株。病竹结合冬季清园，在4月前彻底清除病丛枝。适时砍去老竹，保持适当密度。除草施肥，保持竹园生长健壮。

2. 药剂防治。必要时5—6月喷施70%甲基托布津1000倍液或50%多菌灵500倍液。

七、泡桐丛枝病

（一）症状识别

开始多发生在个别枝条上，病枝上抽出许多细弱的小枝，小枝上还可重复数次抽出更多更细弱的小枝，其上叶片小而黄，病枝远看似鸟巢。丛生病枝常于冬季枯死。连年发病可导致全株死亡（图4-96）。

图4-96　泡桐丛枝病

（二）病原

为类菌原体（MLO）引起。

（三）发病规律

类菌原体大量存在于韧皮部输导组织的筛管内，在病株内主要通过筛板孔移动，而侵染到全株。类菌原体在寄主体内秋季随树液流向根部运行，春季又随树液流向树体上部运行。通过烟草盲蝽和茶翅蝽、叶蝉等刺吸害虫传播，带毒的种根和苗木是远距离传播的重要途径。种子基本不带毒。

（四）防治方法

1. 培育无病苗木。严格选用无病植株采种和采根母株；尽量采用种子繁殖，培育实生苗；种根用50℃温水浸泡10～15分钟可减少幼苗发病。

2. 修除或环剥病枝。秋季病害停止发生后，树液向根部回流前，彻底修除病枝；或春季当树液向上回升前，对病枝进行环状剥皮（在病枝基部剥皮，宽度为环剥部位直径的1/3～1/2，以不愈合为度），后涂以土霉素凡士林（1∶9）药膏。

3. 药剂治疗。可用四环素类抗菌素注入幼苗或幼树的髓心内，幼苗注入1万～2万单位/ml药剂15～30ml，大树在树干基部打洞注入，用量因树木大小而定。此法对轻病株效果较好，重病株易复发。

4. 适时用药防治传毒害虫。

八、苗木茎腐病

是苗木苗期常见病害。以银杏、香榧、杜仲、扁柏和鸡爪槭受害最严重。此外，还可侵染侧柏、水杉、金钱松、大叶黄杨、枫香、刺槐、乌桕等多种针叶、阔叶树种。1年生银杏苗感病后死亡率可高达90%以上。随着苗木年龄的增长，抗病力逐渐增强，病害也随之减少。

（一）症状识别

发病初期，茎基部接近地面处皮层组织变褐色，叶片失绿不久，病部蔓延包围茎基，并向苗木上部扩展，最终导致全株枯死。叶片变黄萎蔫，但不脱落。苗木的茎基皮层肥肿皱缩，剥开皮层，内部已腐烂呈海绵状或粉末状，灰白色，其间充满许多黑色小菌核。侵入木质部和髓部时，变褐，中空，其内也充满小菌核。向根部扩展，使根系皮层全部腐烂。

（二）病原

病原菌属半知菌亚门、腔孢纲、球壳孢目、壳球孢属，菜豆壳球孢菌（*Macrophomina phaseoli* （Tassi.） Goid），菌核黑褐色，扁球形或椭圆形，粉末状。分生孢子器有孔口，埋生于寄主组织内，孔口开于表皮外。分生孢子梗细长，不分枝，无色。分生孢子单胞，无色，长椭圆形。病菌在银杏上不产生分生孢子器，但在芝麻、黄麻上产生。

（三）发病规律

病菌主要在土壤中存活。高温的影响是发病的诱因，夏季土壤温度过高，苗木幼茎基部受高温灼伤，为病菌开辟了侵入途径。一般在梅雨季节结束后，气温升高后10～14天开始发病，以后发病率逐渐增加，至9月以后停止发展。

（四）防治措施

1．夏季降低苗床土温。在苗床上搭荫棚，降低土温，防治的效果最好，遮阴时间不宜过长，自每日上午10：00至下午4：00为宜。发病季节在行间或苗床上覆草也能降低土温。用抗病树种或农作物与银杏等易感病苗木间作，也可达到降温目的。

2．施用有机肥作基肥或追肥，能促进苗木生长，提高抗病力，降低发病率。如在土壤中施入棉籽饼、豆饼等能促进颉颃放线菌繁殖，能更好地提高防效。

3．药剂防治。发病苗木量小时，可用毛刷涂50%多菌灵可湿性粉剂或25%敌力脱（丙环唑）乳油50倍液于发病初期的茎部。发病苗木量大或发病盛期时，在苗木上普遍喷施20%必菌鲨（二氯异氰尿酸钠）可溶性粉剂800～1000倍液、喷克菌2000～2500倍液。7天一次，连续2～3次，能起到预防和治疗的作用。

子情境3　根部病害

花木根部病害种类相对较少，但其危害性很大，常常是毁灭性的。根部病害主要破坏植物的根系，影响水分、矿物质、养分的输送，往往引起植株的死亡，而且由于病害是在地下发展的，初期不容易被发觉，等到地上部分表现出明显症状时，病害往往已经发展到严重阶段，植株也已经无法挽救。

一、苗期猝倒病和立枯病

两病寄主很广，是许多花木苗期的重要病害。主要危害翠菊、瓜叶菊、非洲菊、菊花、五色椒、蒲包花、彩叶草、大岩桐、一串红、秋海棠、唐菖蒲、鸢尾、香石竹等多种花卉、针叶树苗木，杨树、臭椿、榆树、枫杨、银杏、白玉兰等多种阔叶树幼苗。

（一）症状识别

1. 猝倒病　幼苗未出土前被害造成烂种烂芽。出土不久未木质化前的幼苗最易发病，茎基部出现水渍状黄褐色病斑，迅速扩展后病部缢缩成细线状而折倒，刚折倒的幼苗依然绿色，苗床湿度高时病苗及周围的土壤长出白色絮状霉（图4-97～4-98）。

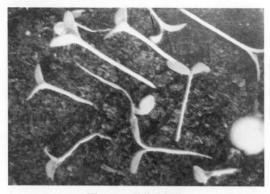

图4-97　翠菊猝倒病

图4-98　辣椒猝倒病

2. 立枯病　多发生在幼苗中后期或幼茎木质化后。幼苗茎基部产生暗褐色病斑，病斑逐渐凹陷，扩展后绕茎一周造成病部缢缩。如果是扦插育苗，土中或基质中插条截面不生愈伤组织，出现黑褐色病斑，向上蔓延，致土壤或基质中的插条腐烂。病苗逐渐枯死，多直立不倒。潮湿时茎基部可见淡褐色蛛丝状霉（图4-99～4-103）。

图4-99　鸡冠花立枯病

图4-100　菊花立枯病

图4-101　白玉兰立枯病

图4-102　凤梨立枯病（根腐病）

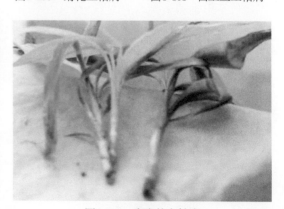

图4-103　富贵竹立枯病

（二）病原

猝倒病的病原菌属于鞭毛菌亚门、卵菌纲、腐霉属真菌（*Pythium* spp.），主要有瓜果腐霉（*P. aphanidermatum* (Eds.) Fitz.）。菌丝无隔，无性阶段产生游动孢子囊，孢子囊姜瓣形或柠檬形，无色，萌发时产生排孢囊，囊内产生游动孢子，游动孢子在水中游动到达侵染部位。有性阶段产生厚壁而色泽较深的卵孢子（图4-104）。

立枯病的病原属半知菌亚门、丝孢纲、无孢菌目、丝核菌属真菌（*Rhizoctonia* spp.），主要为立枯丝核菌（*Rhizoctonia solani*）。菌丝分隔，分枝近直角，分枝基部缢缩，近分基部有一隔膜。初期无色，老熟时浅褐色至黄褐色（图4-105）。

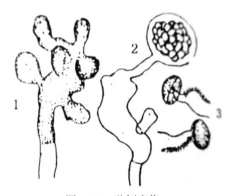
图4-104 猝倒病菌
1.孢子囊 2.孢子囊萌发 3.游动孢子

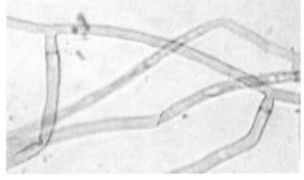
图4-105 立枯病菌的菌丝

（三）发病规律

猝倒病和立枯病都是典型的土传病害，病菌主要在土壤中越冬，并能在土壤中存活2～3年以上，条件适宜时侵入寄主引起发病。病菌主要借雨水、灌溉水、或苗床土壤中水分的流动传播，带菌的肥料和农具也能传播。苗床温、湿度对发病影响最大。两病都喜高湿，苗床土壤高湿极易诱导发病。灌水后积水窝或苗床棚顶滴水处，往往最先出现发病中心。幼苗刚出土不久遇寒流侵袭或连续低温阴雨天气，易诱发猝倒病。幼苗中后期苗床温度较高，光照不足，湿度大，幼苗生长纤细瘦弱，易发生立枯病。另外，播种不适时，播后遇低温阴雨，出苗慢，利于病菌感染，易造成烂种烂芽。播种过密，间苗不及时，苗床浇水过多、过勤，苗间湿度较大，通风不及时，土壤板结，幼苗生长瘦弱等，往往会加重苗病发生。土壤干旱，幼苗缺水或地表温度过高，根茎烫伤，也有利于病害发生。

（四）防治方法

1. 选择地势较高，排水良好，土质肥沃的无病地作苗床或换用无病土作床土。床土要整平，松细，施足充分腐熟的有机肥料。

2. 苗床（或基质）消毒和种子处理。用旧苗床（或基质）育苗，播前或扦插前必须进行土壤（或基质）消毒。常用的土壤消毒方法有：①药剂消毒。用40%根腐宁或70%根腐灵、或40%拌种灵与50%福美双1：1混合或40%拌种双、或30%苗菌敌可湿性粉剂8～10g/m²，拌半干细土10～15kg制成药土，取1/3作苗床垫土，2/3作播种后的盖土。或把药剂直接与育苗基质拌匀进行穴盘或盆钵育苗。施用药土，在出苗前要保持苗床土层湿润以免发生药害。②高温消毒。

种子处理可用70%噁霉灵（与福美双混用可增效）、或40%拌种双可湿性粉剂等按种子量的0.4%进行拌种。

3. 加强苗床管理。催芽要适度，不宜过长，适时播种，适当稀播，不宜过密。调节好苗床的温湿度，前期以做好保温为重点，后期适时降温练苗；播种前浇足底水，出苗后尽量少浇水；根据天气变化，适当通风换气，降低床内湿度。出苗后及时间苗，经常松土，防止板结。

4. 发病后拔除病苗，并喷药保护。可用根腐宁或根腐灵400～500倍液、或58%瑞毒霉锰锌可湿性粉剂500～800倍液、或64%杀毒矾可湿性粉剂500倍液、或30%噁霉灵水剂800倍液、或50%立枯净可湿性粉剂900倍液喷施。隔7～10天喷一次，连用2～3次。药液喷施后，撒干细土或草木灰降低苗床土层湿度。猝倒病单独发生时瑞毒霉锰锌或杀毒矾效果更好。5%井冈霉素250倍液和23%宝穗胶悬剂3000倍液对立枯病有良好效果。

二、花木紫纹羽病

花木紫纹羽病寄主范围很广，可危害多种花木、果树和农作物。如苹果、梨、桃、桂花、香樟、桑树、松、杉、柏、刺槐、杨、柳、牡丹等，苗期到成株期均可受害。

（一）症状识别

为害根部，病根表面缠绕紫红色网状物，有的形成一层质地较厚的毛绒状紫褐色菌膜，在病根表面菌丝层中有时还有紫色球状的菌核。根部皮层腐烂，易剥落。病株地上部生长衰弱，逐渐发黄凋萎，最后全株枯死（图4-106）。

（二）病原

原菌属担子菌亚门、层菌纲、银耳目、卷担子菌属。为紫卷担子菌（*Helicobasidium purpureum* (Tul.) Pat.）。

（三）发病规律

图4-106　香樟紫纹羽病

病菌以菌丝体和菌核在土壤中及病根上越冬。菌核萌发产生菌丝接触根后侵入，也可通过根部相互接触而传染蔓延。低洼潮湿，排水不良的田块易发生。病害可通过苗木远距离传播。

（四）防治方法

1. 选用无病苗木，对可疑苗木可用1%硫酸铜液浸泡3小时或3%～4%石灰水浸泡半小时，处理后用清水洗净再栽植。

2．挖除病株或行外科治疗。发现病株，重者挖除烧毁，病穴用70%甲基托布津800倍液消毒或施石灰消毒。发病轻的或贵重观赏树木实行外科治疗：将病部切除，伤口用0.1%高锰酸钾消毒，移走周围病土，填入无病土。或扒出病土，按土量的1%用药量与70%甲基托布津或五氯硝基苯拌匀后还原于根部。初感病的可直接用0.1%高锰酸钾溶液灌根。

3．病田应实行水旱轮作。

三、花木白绢病

花木白绢病为害60多个科200多种植物。观赏植物中常见为害有芍药、牡丹、凤仙花、吊兰、兰花、君子兰、香石竹、美人蕉、水仙、郁金香、菊、茉莉花、油茶、荚蒾等。

（一）症状识别

主要发生于根、根茎及基生叶片基部。病部呈水渍状黄褐色或红褐色湿腐，上生白色绢丝状菌丝层，呈辐射状蔓延。后产生油菜籽状的黄白色至棕褐色小菌核。全株枯死，易拔起。基生叶易脱落（图4-107～4-110）。

图4-107　兰花白绢病

图4-108　蝴蝶兰白绢病（徐晔春摄）

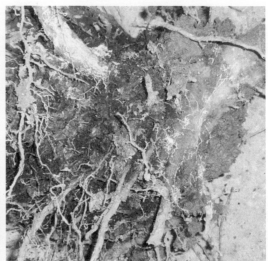

图4-109　荚蒾白绢病

图4-110　茉莉花白绢病

（二）病原

属半知菌亚门、丝孢纲、无孢目、小核菌属，齐整小核菌（*Sclerotium rolfsii* Sacc.），寄主很广。

（三）发病规律

白绢病为土传病害，病菌主要以菌核在土中越冬。可在土中存活5～6年，但不耐水浸泡。菌核产生菌丝进行侵染。病菌可由病苗、病土和水流传播。直接侵入或从伤口侵入。病菌发育的适宜温度为32～33℃，最高温度38℃，最低温度13℃。高温、高湿是发病的主要条件。土壤疏松湿润，株丛过密有利发病。连作地、酸性土壤发病较多。

（四）防治方法

1．与禾本科作物轮作，病盆土集中处理，可集中倒入水田中，盆栽土应选用无病土。

2．病土种植前进行土壤消毒。可用70%代森锰锌或50%福美双或多菌灵单用或混用，按5～10g/m²，拌干细土施于土中或种植穴内。盆土消毒用药量为盆土用量的0.2%，也可高温消毒。

3．栽植不宜过密，花盆放置不过紧，以利通风；适当控制浇水。

4．发现病株及时拔除销毁，病穴施石灰消毒。

5．发病初期可灌浇40%根腐宁400～500倍液或70%代森锌600倍液或70%甲基托布津800倍液。

6. 生物防治。采用绿色木霉菌制剂与培养土混合种植，按土重的0.5%混入。苏州市用此法防治茉莉花白绢病，效果达90%以上。

四、根结线虫病

根结线虫病寄主广泛，可为害多种花木和蔬菜等植物。如仙客来、四季海棠、凤仙花、仙人掌、菊花、石竹、倒挂金钟、唐菖蒲、绣球花、鸢尾、天竺葵、矮牵牛、牡丹、桂花、桃、栀子、木槿、瓜类、番茄等。

（一）症状识别

主要为害根部，根部发育不良，侧根和须根增多，并在侧根和须根上生球形、圆锥形或不正形、大小不等的瘤状物，称根结。根结直径一般1～10mm。被害植株地上部生长不良，矮化瘦弱，叶片发黄乃至枯死（图4-111～4-112）。

图4-111　四季海棠根结线虫病

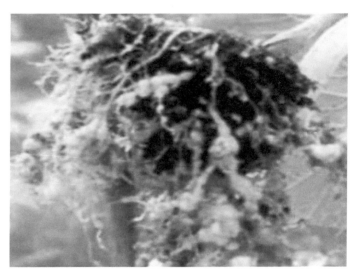

图4-112　桂花根结线虫病

（二）病原

为根结线虫（*Meloidogyne*）。根结线虫各地广泛分布的主要有南方根结线虫（*M.incognita* Chitwood.）、花生根结线虫（*M.arenaria*（Neal） Chitwood）、北方根结线虫（*M.haplae* Chitwood.）和爪哇根结线虫（*M.javanica*（Treub）Chitwood.）等。我国前两种根结线虫发生普遍。根结线虫雌雄异形，雌虫为鸭梨形，雄虫线形，幼虫线形，体壁无色透明，卵椭圆形（图4-113）。

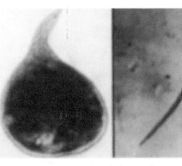

图4-113　根结线虫形态
左：雌线虫　右：幼虫

（三）发病规律

病原线虫以卵或2龄幼虫随病残体在土壤中越冬。翌春环境条件适宜时，越冬卵即孵化出幼虫（已是二龄），在土壤中活动，遇寄主，即从根尖侵入，在根组织内取食，生长发育，并能分泌吲哚乙酸等生长素刺激附近细胞形成巨型细胞而产生根结。当幼虫在根结内发育成为成虫后，雌、雄成虫交配产卵，雌虫也可孤雌生殖。孵化后幼虫又可进行再次侵染。根结线虫一年可繁殖3～5代，在保护地内甚至可终年繁殖。一旦根结线虫传入，很快就会大量繁殖积累，造成严重为害。病原线虫主要靠病土、病苗及灌溉水等传播。根结线虫多分布在20cm土层内，以3～10cm土层内数量最多。土温20～30℃，土壤湿度40%～70%，适合线虫的生长繁殖和活动。土温超过40℃大量死亡，低于10℃停止活动。致死温度55℃，10分钟。土壤过湿、过干均不利活动。一般土质疏松的砂壤土有利于线虫生活，发生严重。重茬地发病重。

（四）防治方法

1. 无病土育苗，预防苗期侵染。引进花卉苗木时加强检验，剔除病苗。

2. 深翻灌水。病地种植前深翻25cm以上，将其翻到深层，可减轻为害。如在夏季深翻并灌水淹没半个月左右可显著减少虫量。

3. 合理轮作。重病地改种耐病的万寿菊、辣椒、韭菜、大葱等，可降低土壤中的线虫数量减轻为害，与非寄主禾本科作物、松、杉、柏等轮作2～3年效果最好。

4. 清除病残株。收获后彻底清除病残株烧毁，不可作沤肥，有机肥料要充分腐熟后使用。

5. 土壤消毒。在种植前可用以下杀线虫剂土壤消毒：①20%益舒宝（丙线磷）颗粒剂2～4kg/亩，沟施或穴施或撒施于根部附近土壤中。②3%米乐尔颗粒剂4～6kg/亩，混细土50kg，均匀撒施地表，深耙20cm，或撒在定植穴内，浅覆土后再定植。③10%力满库（克线磷）颗粒剂5kg/亩，穴施。盆土消毒用药量为盆土的0.1%。盆土或温室土壤也可用蒸汽70～80℃消毒30分钟，或在夏季利用太阳能土壤消毒，将土壤反复曝晒2周。

6. 田间发病后，可对病株用50%辛硫磷乳油1500倍液，或40%甲基异柳磷乳油200～300倍液，或80%敌敌畏乳油1000倍液灌根，每株灌药液250～500ml。一般灌1次即可。或用3%呋喃丹颗粒剂根侧穴施。

五、花木细菌性根癌病

根癌病可为害90多科600多种植物。观赏植物中桃、樱花、梅、李、月季、大丽花、菊花、天竺葵等均可受害，严重导致死亡。

（一）症状识别

主要发生在根茎和根部，病部产生大小不等、形状不一的癌瘤。一棵病株癌瘤1～10多个，小如豆粒，大如核桃，甚至可达30cm左右。一般木本癌瘤较大而坚硬，草本较小而软。形状有球形、扁球形或不规则形，表面粗糙、龟裂。茎上有时也可生癌瘤。病株地上部生长缓慢，株形矮小，有时叶片发黄早落，重则引起全株死亡（图4-114～4-117）。

图4-114 月季根癌病

图4-115 樱花根癌病

图4-116 李根癌病

图4-117 菊花根癌病

（二）病原

为癌肿野杆菌（根癌土壤杆菌*Agrobacterium tumefaciens*（E. F. Smith et Townsend）Conn.）。属于野杆菌属细菌。

（三）发病规律

细菌在癌瘤组织和土壤中越冬。病菌在土中可存活几个月至1年以上，两年内遇不到寄主则失去生活力。病菌主要通过水流传播，园艺操作、地下害虫及线虫也可传播，带菌的苗木调运是远距离传播的重要途径。病菌从伤口侵入寄主，从侵入到癌瘤形成的时间长短不等，几周到1年以上。寄主细胞变成癌瘤后，没有病菌仍能继续扩展。温湿度是根癌细菌侵染的主要条件，病菌侵染与发病随土壤湿度升高而增加，反之则减轻。癌瘤与温度关系密切，28℃时癌瘤长得快且大，高于31～32℃不能形成，低于26℃形成慢且小。土壤黏重，排水不良、偏碱性土壤有利发病。pH6.2～8时，病菌有侵染力，5以下时不能侵染致病。凡伤口多、伤口大愈合慢、伤口部位低接触土壤机会多时间长，发病重。故枝接苗木发病率较芽接高。耕作不当伤根，地下害虫为害均有利发病。

（四）防治方法

1. 加强检疫，严禁病株进入无病区。培育无病苗木。

2. 定植前严格检查，汰除病株，苗木消毒。对可疑的植株用72%农用硫酸链霉素1500倍液浸泡半小时或1%硫酸铜液浸根5分钟，然后用清水洗净再定植。

3. 苗圃发现病株，2年内不能作苗圃，改种禾本科作物。

4. 挖除病株或进行外科治疗。园地发现重病株立即挖除，对病穴进行消毒，每平方米用硫磺粉50～100g混入土内。轻病株可进行外科治疗，用刀切除癌瘤，用72%农用硫酸链霉素可溶性粉剂3000倍液或用波尔多液涂抹癌瘤切口；或用混酚灵（间甲酚和二甲酚）或 用甲冰碘（甲醇50份，冰醋酸25份，碘片12份配成）涂抹在癌瘤表面，经约半月，癌瘤被杀死；或用青霉素、链霉素、金霉素或土霉素作皮下注射，可杀死细菌。

5. 全园喷洒护树将军1000倍液杀菌消毒，将病害杀至萌芽状态。对已经发生根癌病的植株可用护树将军进行灌根，有效治疗根癌病。

6. 减少各种伤口，改进和提高嫁接技术，加快伤口愈合。

7. 碱性土壤中施用酸性肥料或增施有机肥料，可减轻发病。

8. 生物防治。无病苗木（包括插条、接穗）种植时用放射土壤杆菌K84菌剂浸泡，此法对月季根癌病防效可达90%。此法对已病苗木无效。

【复习思考题】

一、填空题

1. 白粉病病部的白色粉状物是_____，后期病部产生的黑色小颗粒是_____。当田间发病后产生_____进行再侵染。

2. 叶斑病是观赏植物发生最普遍的一类病害，一般在_____、_____、_____发生严重。

3. 观赏植物炭疽病的病原是_____属，病部产生的黑色小粒点和粉红色的黏质物是病菌的_____和_____。防治此病的有效药剂有_____、_____、_____等。

4. 从发生条件来看，灰霉病是一种_____病害。防治保护地灰霉病关键是做好
_____
_____工作。目前防治效果较理想的药剂有
_____等。

5. 观赏植物病毒病的毒源主要有_____、_____等，在田间主要通过
_____、_____等传播。

6. 枯萎病和细菌性枯萎病症状的共同特点是_____变褐色，其区别是前者
_____，后者_____。
防治两病的主要措施是_____。

7. 君子兰细菌性软腐病的病原细菌主要在_____、_____中越冬，
通过灌溉水、雨水、昆虫等传播，从_____侵入。

8. 苗木茎腐病发生的主要诱因是_____，防治该病害主要应做好
_____措施。

二、是非题

1. 枝叶过密、通风透光不良，有利白粉病严重发生。……………………（　　）
2. 白粉病通常在高湿的环境下有利发生，干燥的环境下则很少发生。……（　　）
3. 防治白粉病的有效药剂有粉锈宁、福星等。……………………………（　　）
4. 梨锈病在梨树上一年只侵染一次，无再次侵染，因此发病以后施药防病效果
   不大。………………………………………………………………………（　　）
5. 月季黑斑病的病原属于半知菌亚门交链孢属。………………………（　　）
6. 杜鹃褐斑病的病原是尾孢属真菌。……………………………………（　　）
7. 瓜叶菊黑斑病的病原属于半知菌亚门交链孢属真菌。………………（　　）
8. 大叶黄杨褐斑病是由半知菌亚门叶点霉属真菌引起。………………（　　）
9. 桂花叶枯病是由尾孢属真菌侵染引起。………………………………（　　）
10. 山茶灰斑病和炭疽病的症状有时易混淆，前者的病原为盘多毛孢属，后
    者的病原是炭疽菌属。…………………………………………………（　　）
11. 控制保护地灰霉病发生的关键措施是及时施药防治。………………（　　）
12. 霜霉病是一种高温高湿病害，夏季多雨年份发病严重。……………（　　）
13. 带毒的无性繁殖材料是观赏植物病毒病的重要毒源之一，但通过茎尖组织
    培养可以获得无毒苗。…………………………………………………（　　）
14. 观赏植物病毒病在田间主要通过蚜虫等刺吸害虫及汁液接触传染。…（　　）
15. 观赏植物枯萎病是一种由镰刀菌引起的土传病害，重病田应与非寄主植物
    轮作5～6年。……………………………………………………………（　　）
16. 药剂防治菊花枯萎病宜采用喷雾法施药。……………………………（　　）
17. 大丽花青枯病是一种土传的细菌性病害，高温高湿和微酸性土壤有利发病。
    …………………………………………………………………………（　　）
18. 鹤望兰青枯病是一种土传的细菌性病害，高温高湿和微酸性土壤有利发病。
    …………………………………………………………………………（　　）

19. 菌核病是一种低温高湿病害，露地春季易发生，保护地晚秋到早春容易发生和流行。••• （　　）
20. 花木紫纹羽病通过苗木调运进行远距离传播。••••••••••••••••••••••••••••• （　　）
21. 月季根癌病是细菌性病害，通过苗木调运进行远距离传播。剔除发病的苗木种于无病地中就不会发病了。••••••••••••••••••••••••••••••••••••••• （　　）
22. 根腐宁可防治多种花木根部真菌性病害。••••••••••••••••••••••••••••••••• （　　）
23. 病征是病原物在病部形成的特征，如粉状物、霉状物、点粒状物、菌核是真菌性病害在病部形成的特征。••••••••••••••••••••••••••••••••••••• （　　）
24. 细菌性叶斑病在潮湿情况下病部有菌脓或检查病组织有溢菌现象。•••••••••• （　　）

三、单项选择题（选择1个正确的答案，把其序号填在空格内）

1. 禾本科草坪草锈病一年中发生严重的时期是_____。
　　A、3—4月　　　　　　B、5—6月　　　　　　C、7—8月　　　　　　D、5—6月及9—10月
2. 紫荆角斑病的病原是_____。
　　A、交链孢属真菌　B、尾孢属真菌　　　C、叶点霉属真菌　　D、疫霉属真菌
3. 月季黑斑病的初次侵染来源主要是_____。
　　A、病枝　　　　　　B、病残花　　　　　C、病落叶　　　　　D、带菌苗木
4. 杜鹃褐斑病的初次侵染来源主要是_____。
　　A、病枝　　　　　　B、病落叶　　　　　C、病残花　　　　　D、带菌苗木
5. 观赏植物叶斑病的初次侵染来源主要是_____。
　　A、病枝　　　　　　B、病落叶　　　　　C、病残花　　　　　D、带菌苗木
6、防治观赏植物疫病应选用_____。
　　A、瑞毒霉锰锌　　B、农利灵　　　　　C、多菌灵　　　　　D、百菌清
7、枯萎病的病原属于_____。
　　A、尾孢菌　　　　　B、丝核菌　　　　　C、镰刀菌　　　　　D、核盘菌
8. 菌核病是一种_____病害。
　　A、低温高湿　　　　B、高温高湿　　　　C、低温低湿　　　　D、中温中湿
9. 花木苗期猝倒病和立枯病病原菌的初次侵染来源主要是_____。
　　A、土壤　　　　　　B、种子　　　　　　C、病残体　　　　　D、田间病株
10. 防治植物根结线虫病土壤消毒可选用_____。
　　A、根腐宁　　　　　B、多菌灵　　　　　C、克线磷　　　　　D、福美双
11. 下列病害中属于土传病害的是_____。
　　A、炭疽病　　　　　B、白绢病　　　　　C、灰霉病　　　　　D、白粉病
12. 防治观赏植物细菌性病害应选用_____。
　　A、多菌灵　　　　　B、托布津　　　　　C、代森锌　　　　　D、农用链霉素
13. 防治泡桐丛枝病，修除病枝应在_____进行。
　　A、秋季　　　　　　B、夏季　　　　　　C、春季　　　　　　D、冬季
14. 下列病害中属于土传病害，又可通过苗木作远距离传播的是_____。
　　A、白粉病　　　　　B、霜霉病　　　　　C、锈病　　　　　　D、紫纹羽病

15. 杜鹃黄化病是由_____引起。

    A、缺氮   B、类菌原体   C、缺铁   D、光照不足

四、问答题

1. 观赏植物白粉病在怎样的条件下有利发生。如何防治？
2. 简述梨树或海棠锈病的发病规律和防治方法。
3. 简述叶斑病的综合防治措施。
4. 如何防治观赏植物炭疽病？
5. 温室花卉灰霉病在怎样的条件下易发生？应如何防治？
6. 某一温室栽培的仙客来，不少叶片上出现褐色病斑，多从叶尖和叶缘开始发生，花茎和花变褐腐烂，病部长有灰色霉状物。请问这是什么病害？应采取哪些防治措施？
7. 观赏植物病毒病可采取哪些防治措施？
8. 如何防治植物枯萎病？
9. 当百合发生枯萎病后应如何控制病情的发展？病田应作怎样的处理后才能再种植？
10. 某大棚非洲菊上，部分植株的叶片及花茎出现水渍状腐烂，病部有白色霉状物和黑色鼠粪状的菌核，请问这是什么病害？应采取哪些防治措施加以控制？
11. 引起苗木茎腐病的主要诱因是什么？如何防治？
12. 如何防治苗期猝倒病和立枯病？
13. 如何防治花木紫纹羽病？
14. 如何预防花木细菌性根癌病？
15. 在你所学过的花卉病害中，属于土传病害的有哪些？谈谈防治这类病害重点应做好哪些方面的预防工作。

实训五　叶、花、果病害症状及病原识别（一）

一、目的要求

熟悉观赏植物常见白粉病、锈病和叶斑病的症状及有关病原的形态特征。

二、材料和仪器

    观赏植物白粉病（5种）、禾本科草坪草锈病、梨、海棠锈病、蔷薇锈病、扁竹蓼锈病、月季黑斑病、山茶花灰斑病、杜鹃褐斑病、大叶黄杨褐斑病、紫荆角斑病、樱花褐斑穿孔病、瓜叶菊黑斑病、鸢尾轮纹病、美人蕉轮纹病、荷花墨斑病、菊花黑斑病、芦荟圆斑病、桂花叶枯病、高羊茅褐斑病、一品红细菌性叶斑病等。

    显微镜、载玻片、盖玻片、浮载剂（蒸馏水或10%甘油）、小纱布、单面刀片、镊子、滤纸、擦镜纸等。

三、内容及方法步骤

（一）观察所给病害的症状

1. 观察所给白粉病的症状有何共同特征。

2. 观察草坪草锈病、梨、海棠锈病、蔷薇锈病症状有何特征。

3. 观察以下常见叶斑病的症状特点：

月季黑斑病、山茶花灰斑病、杜鹃褐斑病、大叶黄杨褐斑病、紫荆角斑病、樱花褐斑穿孔病、瓜叶菊黑斑病、、鸢尾轮纹病、美人蕉轮纹病、荷花墨斑病、菊花黑斑病、芦荟圆斑病、桂花叶枯病、高羊茅褐斑病、一品红细菌性叶斑病等。

（二）主要病原物形态观察

1. 白粉病菌观察：分别刮取凤仙花白粉病病部白色粉状物和黑色小点制片，镜检观察病原菌的分生孢子及闭囊壳形态特征。

2. 锈病菌观察：刮取禾本科草坪草病部黄色、红褐色或黑色粉状物制片，观察其病原菌的夏孢子或冬孢子的形态特征。并在示范镜下观察蔷薇锈病菌冬孢子的形态。

3. 月季黑斑病菌（盘二孢属）观察：取月季黑斑病病部组织进行徒手切片制片，镜检观察其分生孢子的形态特征。

4. 杜鹃或樱花褐斑病菌（尾孢属）观察：刮取病部灰褐色霉状物制片，镜检观察病原菌的分生孢子梗和分生孢子的形态特征。

5. 鸢尾轮纹病菌（交链孢属）观察：刮取病部黑色霉状物制片，镜检观察病原菌的分生孢子梗和分生孢子的形态特征。

6. 示范镜下观察山茶花灰斑病菌、桂花叶枯病菌、菊花黑病菌的形态。

7. 示范观察细菌性叶斑病病组织中的溢菌现象：切取约5㎜大小的病健交界处的小块病组织，放在载玻片上，滴一滴蒸馏水，盖好盖玻片，在显微镜下观察或放置1分钟左右对光观察，切口处有云雾状物溢出，即为溢菌现象。

四、作业

（一）实训报告

1. 描述所观察病害的症状识别要点和病原种类。

2. 绘一种白粉病菌（分生孢子和闭囊壳）、草坪草锈病菌或蔷薇锈病菌（冬孢子和夏孢子）、月季黑斑病菌、山茶花灰斑病菌、杜鹃褐斑病菌、鸢尾轮纹病病菌、桂花叶枯病菌形态图。

（二）采集花木病害标本15种（包括后面病害识别部分），要求症状典型，贴上标签上交或拍成数码照片制成PPT递交。

实训六 叶、花、果病害症状及病原识别（二）

一、目的要求

熟悉常见观赏植物炭疽病、灰霉病、霜霉病、疫病、病毒病的症状及有关病原形态。

二、材料和仪器

大叶黄杨、山茶花、橡皮树、兰花、君子兰、万年青、一叶兰、仙人掌、葡萄等炭疽病，灰霉病（5种），十字花科、莴苣和葡萄霜霉病，百合疫病（或其他植物疫病），菊花、马蹄莲、百合、美人蕉、大丽花、香石竹、郁金香、月季等病毒病（10种）标本或彩色图片或田间新采标本。

显微镜、载玻片、盖玻片、浮载剂（蒸馏水或10%甘油）、小纱布、单面刀片、镊子、滤纸、擦镜纸等。

三、内容及方法步骤

1. 观察所给观赏植物炭疽病的症状，找出其共同特点。
2. 观察所给观赏植物灰霉病、霜霉病和疫病的症状特点。
3. 观察所给观赏植物病毒病的症状特点，归纳出病毒病的共同特征。
4. 主要病原菌形态观察
 （1）炭疽病菌观察：取葡萄炭疽病或其他观赏植物炭疽病病部的黑色小点进行徒手切片制片，镜检观察病原菌的分生孢子盘及其上着生的分生孢子梗和分生孢子形态特征。示范镜下观察万年青炭疽病菌的形态与以上炭疽病菌有何区别。
 （2）霜霉病菌观察：取十字花科霜霉病或葡萄霜霉病病部的白色霜状物制片，镜检观察其孢囊梗及孢子囊的形态特征。
 （3）灰霉病菌观察：取灰霉病病部的灰色霉状物少许制片镜检观察其分生孢子梗和分生孢子的形态特征。

四、实训报告

1. 描述所观察病害的症状识别要点。
2. 绘葡萄炭疽病菌及万年青炭疽病菌形态图、霜霉菌的形态。

一、目的要求

熟悉观赏植物枝干及根部主要病害的症状特点及有关病原的形态特征。

二、材料和仪器

　　观赏植物枯萎病、细菌性枯萎病和细菌性软腐病、菌核病、月季枝枯病、竹丛枝病、泡桐丛枝病、花木苗期立枯病和猝倒病、白绢病、紫纹羽病、根结线虫病、细菌性根癌病、其他枝干部及根部病害的标本或彩色图片或田间新鲜标本。

　　显微镜、载玻片、盖玻片、浮载剂（蒸馏水或10%甘油）、小纱布、单面刀片、镊子、滤纸、擦镜纸等。

三、内容及方法步骤

1. 观察所给植物枯萎病和细菌性枯萎病的症状区别。
2. 观察所给植物细菌性软腐病的症状特点，并注意有无臭味。
3. 观察所给植物菌核病、月季枝枯病、竹丛枝病、泡桐丛枝病等病害的症状各有何特征？
4. 观察比较苗期立枯病与猝倒病、白绢病与紫纹羽病、根结线虫病与细菌性根癌病的症状区别。
5. 有关病原形态观察：示范镜下观察枯萎病菌、软腐病菌、菌核病菌、月季枝枯病菌、立枯病菌和根结线虫病病原的形态。

四、实训报告

1. 列表描述所观察枝干、根部病害的识别要点和病原类型。
2. 绘枯萎病菌、立枯病菌及根结线虫的形态图。

主要参考文献

1. 张随榜主编. 园林植物保护, 第2版. 北京: 中国农业出版社, 2008
2. 程亚樵, 丁世民主编. 园林植物病虫害防治技术. 北京: 中国农业大学出版社, 2007
3. 李传仁主编. 园林植物保护. 北京: 化学工业出版社, 2007
4. 佘德松主编. 园林植物病虫害防治. 杭州: 浙江科学技术出版社, 2007
5. 林焕章, 张能唐主编. 花卉病虫害防治手册. 北京: 中国农业出版社, 1999
6. 徐明慧主编. 花卉病虫害防治. 北京: 农业出版社, 2006
7. 徐公天主编. 园林植物病虫害防治原色图谱. 北京: 农业出版社, 2003
8. 邱强, 李贵宝, 员连国等主编. 花卉病虫害原色图谱. 北京: 中国建材工业出版社, 1999
9. 金波主编. 园林花木病虫害识别与防治. 北京: 化学工业出版社, 2004
10. 金波, 刘春. 花卉病虫害防治彩色图说. 北京: 中国农业出版社, 1998
11. 孙丹萍. 园林植物病虫害防治. 北京: 中国科学技术出版社. 2003
12. 江世宏. 园林植物病虫害防治. 重庆: 重庆大学出版社. 2007
13. 刘乾开. 新编农药使用手册. 上海: 上海科学技术出版社, 1999
14. 吴志毅, 方媛, 陈曦等. 浙江省蝴蝶兰细菌性软腐病病原鉴定. 浙江林学院学报. 2010, 27 (4): 635-639
15. 中国植保网http://www.zgzbao.com
16. 中国园林网http://zhibao.yuanlin.com/index.aspx
17. 中国花卉网http://www.china-flower.com/technic/technicinfo.asp?n_id=1503
18. 中国园林植保网草坪网http://www.lawnchina.com/content.asp?id=22848
19. 顺德农业信息平台专家系统http://www.sdagri.gov.cn/ServicePlam/page/expert/index.jsp
20. 花卉园艺专家系统——花卉病害http://jpkc.hzvtc.edu.cn/hhyyx/hhbh/show_personal.asp?id=9
21. 百度百科http://baike.baidu.com
22. 湖南林业信息网http://www.hnforestry.gov.cn
23. 中国植物图像库http://www.plantphoto.cn
24. 中国农资交易网http://www.C-NC.com
25. 百度文库http://baike.baidu.com
26. 浙江农资集团http://www.zjamp.com.cn
27. 中国森防信息网http://www.forestpest.org
28. http://www.sdagri.gov.cn/ServicePlam/page/expert/kc_catalog_ill.jsp?cuid=4&id=null&bc=103003&pbc=103000